通信ネットワーク工学入門

馬杉正男／著

Introduction to
Communication Network
Engineering

森北出版

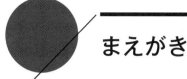

まえがき

　人間社会は，情報や知識を共有するコミュニケーションにより成り立っている．人の最初のコミュニケーション手段は，身振りや手振りであったと想像されるが，徐々に，絵，言葉，文字などで情報を伝えるようになっていったと考えられる．その後，より多くの人に情報や知識を伝える手段の一例として，活版印刷技術が15世紀に発明され，社会に大きな変革をもたらした．18世紀から19世紀にかけては，離れたところにいる相手に対して直接情報を伝えることができる電信機が実用化されていくことになった．20世紀後半，とりわけ1980〜1990年代以降，ディジタル技術の進歩とともに情報通信技術は目覚ましい発展を遂げた．

　現在では，インターネットの拡大により，世界中のコンピュータがつながる時代となった．これにより，従来の音声通話だけではなく，映像配信やSNS（social networking service）など，通信サービスの利用形態も多様化している．また，無線技術を使う移動体通信サービスも1990年代以降に急速に普及し，人々の生活を支える重要な社会インフラとして定着している．こうした状況のなか，通信ネットワークを流れるデータ量は年々増加傾向にあり，伝送容量の拡大に向けて，情報通信技術のさらなる高度化が期待されている．

　さて，近年，通信ネットワークを構成する要素技術は高度に細分化されている．ここで，送信元から受信先への通信過程を例に挙げると，情報信号の符号化などの基本操作に加えて，複数の情報信号を一つの伝送路にまとめて伝送する多重化技術，伝送路を確立する交換技術など，さまざまな要素技術の組み合わせにより通信が実現される．また，20世紀までは音声通話を主体とする電話ネットワークの利用が需要の中心であったが，現在では，インターネットや移動体通信ネットワークの利用が飛躍的に拡大している．このように，世界中の情報のやりとりを可能にする通信ネットワークを取り巻く環境は大きく変化し，その構成要素および関連技術を学ぶ際に求められる知識は多様化している．

　本書は，理工系の大学学部生あるいは大学院生，ならびにエンジニアの方々が情報通信の基礎を理解する際に求められる幅広い知識を体系的に学ぶことを主眼とし

て取りまとめた．本書の特徴やねらいは，以下のとおりである．

- 通信ネットワークを学ぶ際の事前知識となる「情報信号の種別」などの基礎項目を，初学者向けに丁寧に整理した．また，初学者が理解しやすい内容にするために，記述する項目を必要以上に増やさないように配慮した．
- 通信ネットワークに関わる分野は，内容が多岐にわたるため，個々の要素技術の位置づけや全体像を初学者が十分に理解できないケースが見受けられる．本書では，「情報信号の種別と変換処理」，「ディジタル伝送技術の基礎」，「通信ネットワークの構成要素技術」など，初学者が体系的に理解しやすい区分になるように章構成を工夫して取りまとめた．
- 国内では，2024 年 1 月を目途に，従来の電話ネットワークから IP（インターネットプロトコル）技術をベースとする次世代ネットワーク（NGN：next generation network）へ移行することが決定した．こうした背景もあり，従来のテキストで解説されているテーマに加えて，新たな情報を記載する必要性が生じている．本書では，通信ネットワークのさらなる高度化の理解に際して求められる知識を習得する観点より，「IP ネットワークの高度化技術」，「各種の通信ネットワークの事例（NGN ほか）」，「ネットワーク管理評価技術」などの幅広いテーマを記載した．また，通信ネットワークの規格動向なども，参考情報として加えている．

　大学の学部生や大学院生，さらには関連する分野の技術者・研究者の方々のお役に立てれば幸いである．ただ，著者の浅学非才のため，改善すべき事項が見出されるかもしれない．その点について読者諸氏のご意見，ご叱責を頂ければ幸いである．最後に，本書の完成のため，堅忍持久のご支援を賜った富井晃氏，上村紗帆氏をはじめ，森北出版の方々に厚く御礼申し上げる．

　2023 年 6 月

著　者

目　次

情報通信技術の基礎

　電子機器の性能向上やディジタル技術の進歩とともに，情報通信は目覚ましい発展を遂げてきた．とりわけ 1990 年代以降，インターネットの商用利用の拡大により，世界中のコンピュータがつながる時代となり，その利用形態も多様化している．一方，携帯端末向けの移動体通信サービスも，人々の生活を支える重要な社会インフラとして現在では定着している．本章では，情報社会を支える通信技術を概観し，次章以降で説明する内容の理解に向けた準備を行う．ここでは，情報通信技術の発展の流れ，通信ネットワークの基本構成，通信ネットワークの分類例，通信技術の分類例，伝送路の種類と特徴，通信規約と階層モデルについて述べる．

1.1　情報通信技術の発展の流れ

　送り手から受け手に対して，ある対象物に関する事実や知識などを伝達する情報通信技術は，時代とともに大きな発展を遂げてきた．とりわけ重要な意味をもつ歴史的な出来事としては，発明家モールス（S. F. B. Morse）による電信機の発明（1837年）が挙げられる．電信技術に関しては，文字や数字を符号化して伝送するモールス符号が考案され，1844 年には米国ワシントン〜ボルチモア間で商用サービスが開始された．音声通話を実現する電話の概念は，ベル（A. G. Bell）による米国特許取得（1876 年）が起点とされる．1877 年にはベル電話会社（AT&T の前進）が設立され，米国内での電話サービス範囲が徐々に拡大していった．一方で国内の動向に着目すると，東京〜横浜間をつなぐ電話サービスの開始（1890 年）が出発点となる．1906 年には，上海経由で日本と米国をつなぐ電信海底ケーブルが敷設され，日本〜米国間の海外への通話も可能となった．この間に，通信回線を介して画像情報を伝送するファクシミリ（FAX）に関連する技術なども進展した．また，電波を用いて情報伝送する無線通信については，エジソン（T. A. Edison），テスラ（N. Tesla），マルコーニ（G. M. Marconi）ほかによる取り組み（1800 年代半ば〜1900 年ごろ）が，今日の技術の基礎を築いたといえる．

　今日では，インターネット（Internet）を介して多数のコンピュータが相互に接続され，膨大な情報がやりとりされる時代となった．こうした世界規模のコンピュータネットワークを生み出すきっかけの一つとして，米国のリックライダー（J. C. R. Licklider）による論文「人間とコンピュータの共生」（1960 年）が知られている．この論文で提唱された概念に基づき，米国防省内プロジェクトにおいて，複数のコンピュータを相互接続した ARPANET（Advanced Research Projects Agency NETwork）が構築された（1969 年）．これが，インターネットの原型である．1980 年代後半，ARPANET とほかのコンピュータネットワークが相互接続されたあと，インターネットとよばれるようになった．そして，ARPANET のプロジェクト終了後，多数のコンピュータネットワークが接続される形態のもとで，1990 年代に入り商用利用が公式に認められた．技術革新が進んでいく過程とともに，インターネットは，人々の生活に欠かせない情報通信の社会基盤として地位を確立するに至っている．また今日では，外出先でも利用可能な移動体通信についても，現代社会を支える基盤技術として進展し，映像配信など多様な通信サービスが提供される時代となっている．

1.2　通信ネットワークの基本構成

　情報技術の進展とともに，音声・映像・テキストなどのさまざまな種別の情報が遠方から容易に取得できるようになった．膨大な量の情報の収集や共有などが可能となり，今後，情報通信の果たす役割はさらに拡大していくと予想される．

　通信ネットワーク（通信網）は，コンピュータや電話機などの通信端末を相互に接続し，情報を伝達するための通信機器の集合体とみなせる．このとき，利用される通信回線は，不特定多数のユーザ（利用者）が利用する通信回線（公衆通信回線）と，企業・団体などが通信回線を独占的に使用する特定の専用通信回線に大別される．前者の利用形態としては，公衆通信ネットワーク（公衆網）やインターネットなどが代表例であり，後者の例としては，電気通信事業者が特定の企業・団体に貸し出して利用される専用回線が挙げられる．

　通信ネットワークは，機能・規模・運用主体などにより，複数のタイプに分類できる．ここで，公衆通信ネットワークを念頭におき，アプリケーション（ネットワークサービス）を含むより広い範囲で定義される通信ネットワークの基本構成例を図1.1 に示す．この図は，音声通話や情報処理などのアプリケーション提供機能，あ

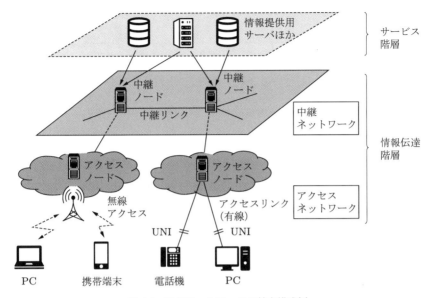

図1.1　通信ネットワークの基本構成例

るいは，アプリケーション提供機能とネットワークの間の仲介機能をもつ「サービス階層」と，情報の伝達機能に特化した「情報伝達階層」の2層より構成される例である．ただし，アプリケーション提供機能を含めて定義するかは多様な考え方があり，サービス階層を含めずに通信ネットワークの基本構成を定義することも多い．

　情報伝達階層は，「中継ネットワーク」と「アクセスネットワーク」から構成される．この図において，構成要素となる通信設備・機器は「ノード」，情報信号の伝送路は「リンク」と表現され，ユーザが利用する通信端末（ユーザ端末あるいはユーザ側の私設ネットワーク）を収容するためのアクセス系が，アクセスネットワークに対応する．また，異なるアクセスネットワークに接続されているユーザ端末間で情報のやりとりを行う際には，中継ネットワークが必要となる．公衆通信ネットワークについては，電気通信事業者とユーザ端末との接続点はユーザ網インターフェース（UNI：user-network interface），また，電気通信事業者とユーザを接続する通信回線はアクセスリンクとよばれる．アクセスノード以降をつなぐ通信ネットワークの中核部は，コアネットワーク（基幹ネットワーク）ともよばれる．

　伝送処理の手順例を図1.2に示す．図は，あるユーザ端末から別のユーザ端末へディジタル通信で情報信号を伝送する場合を示している．最初のステップでは，音声などのアナログ形式の情報信号が，ユーザ端末（ディジタル端末）に入力され，

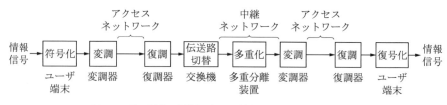

図1.2　ディジタル通信における情報信号の伝送処理手順例

ディジタル信号形式の符号列に変換される．ディジタル信号への変換は符号化（coding）とよばれ，これには伝送過程で発生する誤り検出に必要な操作なども含まれる．次に，ディジタル信号は，利用する伝送路の種別などに応じて，搬送波（またはキャリア）とよばれる基準信号にのせる操作を施されたあとに，アクセスネットワークに送られる．このように搬送波に送信したい情報信号をのせる操作は，変調（modulation，2.3，2.4 節，3.3.2 項参照）とよばれる．一方，変調処理を施すことなく元の情報信号のまま伝送する場合は，ベースバンド伝送方式とよばれる．

　変調処理が施されるケースでは，電気通信事業者局内において，復調（demodulation）とよばれる処理により，変調前の信号形式にいったん戻される．続いて，情報信号は，宛先に向けて伝送路の接続が切り替えられて中継ネットワークに送られる．このとき，中継ネットワークを効率的に利用する手段として，複数の情報信号を束ねて伝送する多重化（multiplexing，3.6 節参照）とよばれる処理が通常施される．そして，多重化された情報信号は，多重分離（demultiplexing）とよばれる処理により分離されてアクセスネットワークに送られる．ただし，中継ネットワーク内では，回線種別や伝送距離に応じて，情報信号に変調処理が施される．

　中継ネットワークから受信側への情報伝送では，アクセスネットワークの種別に応じて，変調および復調が適宜施される．相手先のユーザ端末（ディジタル端末）では，復号化（decoding）とよばれる処理により，ディジタル信号から人間が視聴できる元の情報信号（アナログ信号）に戻して再生される．なお，符号化・復号化の機能をもつデバイスは，符号器（coder），復号器（decoder）とよばれ，両方の機能をもつデバイスは総称してコーデック（codec）と表現される．

1.3　通信ネットワークの分類例

　ユーザ間で情報のやりとりを行う際の通信形態は，1 対 1 型，1 対多（複数）型，多対多型などのパターンがある．そうしたさまざまな通信形態が想定される通信

ネットワークは，接続形態，規模，サービス種別などの点より，複数のタイプに分類できる．本節では，それぞれの視点からみた通信ネットワークの分類例を示す．

1.3.1 ■ 接続形態による分類例

通信ネットワークの構成は，機能や接続形態の観点から，抽象化して表現できる．通信機器をノード，情報信号の伝送路をリンクとして，その組み合わせにより，ネットワークトポロジー（網形態）が**表 1.1** に示すように分類される．実際のネットワーク運用に際しては，収容するユーザ数やリンク障害発生時の迂回条件などを考慮しながら，適切な接続形態が選択される．

表 1.1　ネットワークトポロジーの分類例

名称	接続形態	概要
スター型		中核となるノード（通信機器）から周辺のノードが接続されるタイプ．自由度が高く，一般家庭での通信ケーブルの接続などにもみられる．周辺ノードに対して，さらに複数のノードを接続する形態もある．
メッシュ型		複数のノードが網目状に接続されたタイプ．すべてのノードが相互に接続される場合はフルメッシュとよばれる．ノード間をつなぐ伝送路が複数存在するため，設備コストは増加するが，故障発生対策などの点で信頼性は高い．
ループ型		複数のノードをリング状に接続するタイプ．伝送路の数が個別配線に比較して少なくすむが，ノードを追加する場合や通信ケーブルの故障発生時には全体が停止する．このため，伝送路を 2 重化することが一般的である．
ツリー型		中核となるノードからツリー状に伝送路が伸びて，ほかのノードが接続されるタイプ．ノードの追加・削除が容易であり，多数のノードを接続する場合に有効である．ただし，末端のノードから情報発信が増加するときには，ネットワーク負荷の集中による混雑（輻輳）が発生する可能性がある．
バス型		一つの基幹伝送路に多くのノードが接続されるタイプ．ノードの追加・削除が容易であり，また各ノード間の関係は対等となる．構造が単純で経済的であるが，複数のノードが伝送路を共有するため，セキュリティ上の課題となることがある．

1.3.2 ■ 規模による分類例

おもにコンピュータネットワークについては,その規模やカバーする範囲により,以下のように分類できる.

(1) LAN (local area network：ローカルエリアネットワーク, 5 章参照)

個人宅, 同一企業, 建物内などの比較的限られた範囲において, コンピュータなどの通信端末を接続するネットワークに対応する. 有線あるいは無線を介して通信端末を収容し, MAN や WAN などの上位ネットワークに接続される.

(2) MAN (metropolitan area network：メトロポリタンエリアネットワーク)

複数の LAN を接続した一定規模のネットワークであり, 一つの町や都市程度の範囲をカバーするものを一般に指す.

(3) WAN (wide area network：ワイドエリアネットワーク)

遠隔地にある通信機器や LAN などをつなぐ広域ネットワークを意味する. 大容量の通信回線により, MAN や LAN どうしを接続する役割を果たす. インターネットも WAN の一つとみなすことができる.

1.3.3 ■ サービス種別による分類例

公衆通信ネットワークについては, 利用するサービス種別により分類することもできる. その具体例として, 通話サービスを基本とする電話ネットワーク, データ転送を基本とするデータ通信ネットワークなどが挙げられる. ただし, 現在の電話ネットワークは, 音声通話だけではなく, FAX やデータ通信も可能であり, 必ずしも正しく分類できるわけではない.

1.4　通信方式の分類例

情報信号の種別やサービスの提供形態などに応じて, 通信ネットワークを構築する際に用いる通信方式は異なる. 本節では, 情報信号の送信方向や交換方式の違いからみた通信方式の分類例を示す.

1.4.1 ■ 情報信号の送信方向による分類

情報信号の送受信の方向により, 通信方式はいくつかのタイプに分類できる (図1.3 参照). 送信側から受信側へ一方向にのみ情報信号を送る方式は, 単方向通信 (ま

たは片方向通信：simplex communication）とよばれ，放送や防災無線などが具体例として挙げられる．送信側と受信側の相互通信が可能な方式は，双方向通信（duplex communication）とよばれ，そのうちトランシーバなどで利用される，送信と受信を同時に実行できず，切り替えながら通信を行うタイプは，半二重通信（half-duplex communication）という．また，電話サービスを含めた多くの通信ネットワークで利用されている，つねに双方向の通信が可能なタイプは，全二重通信（full-duplex communication）という．

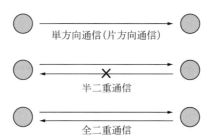

図1.3 情報信号の送受信の方向からみた通信方式の分類例

1.4.2 ■ 交換方式による分類例

通信ネットワークにおいて，不特定多数のユーザ間で伝送路を接続した情報転送を可能にする機能は，交換（switching）とよばれ，回線交換と蓄積交換に大別される（4.2節参照）．なお，現在の蓄積交換の主流は，後述するパケット交換となっており，回線交換とパケット交換に分類されることも多い．

(1) 回線交換

通信の開始から終了までの接続は，呼（call）とよばれる．回線交換では，呼ごとに情報通信のための伝送路（あるいは通信経路）を設定して占有する．このような，通信開始に先立って伝送路を設定する方式は，コネクション型ともよばれる．利用するユーザが伝送路を確保しているため，通信品質が保証されるが，同時に利用したいユーザ数が多い場合，接続不良となる可能性がある．従来の公衆交換電話ネットワークがその代表例となる（4.2.1項，8.1節参照）．

(2) パケット交換

パケット交換は，送信する情報をパケット（packet）とよばれる単位で細分化し，ノード内にいったん蓄積しながら送信する方式である．パケット交換では，情報が

発生したときに転送されるため，一つの呼によって伝送路が占有されることはない．複数ユーザにより伝送路が共有されることから，回線交換に比較して運用コストが低減できる．

　また，パケット交換は，通信開始時に仮想的な伝送路を設定するバーチャルサーキット方式（あるいはコネクション型）と，設定しないデータグラム方式（あるいはコネクションレス型）に分類される．前者の代表例としては，公衆データネットワーク向けの X.25 プロトコルが知られているが，現在その多くはインターネットプロトコル（IP：Internet protocol）に置換されている．

1.5　伝送路の種別と特徴

　通信ネットワークにおいて，通信機器をつなぐ伝送路は，有線（ケーブル）と無線に分けられる．有線の場合は，物理的な伝送路（通信回線）が通信機器に接続され，ケーブルの種類によってメタル回線と光回線に分類される．このとき，メタル回線の場合は，電気信号の形式で情報信号が伝送される．また，光回線の場合は，送信側で電気信号から光信号に変換（E/O 変換）されたあとに送信され，受信側

表 1.2　伝送路の種別と特徴

伝送路の種別			適用領域	用途例
有線	メタル回線（電気信号）	平衡対ケーブル（ツイストペアケーブル）	・短距離，伝送容量小	一般電話（アナログ回線），ISDN, ADSL, イーサネット（4.1, 5.3 節参照）など
		同軸ケーブル	・短距離，伝送容量中	ケーブル TV，イーサネットなど
	光回線（光信号）	光ファイバケーブル	・短〜長距離，伝送容量中〜大	各種ディジタル通信
無線	空間		・電波：短〜長距離，伝送容量中〜大 ・光：短距離，伝送容量中〜大 ・音響信号：短距離，伝送容量小	アナログ放送，ディジタル放送，ディジタル通信など
	水中		・電波：短距離，伝送容量小 ・光：短距離，伝送容量中〜大 ・音響信号：短〜中距離，伝送容量小〜中	ディジタル通信など

では光信号から電気信号に変換（O/E 変換）される．一方，無線の場合は，物理的な通信回線を利用しないため，中長距離通信をより柔軟に実現できるが，電磁干渉や気象条件による通信品質の劣化，利用可能な周波帯の制約などの点で課題がある．

ここで，伝送路の種別と適用領域などの特徴を**表 1.2** に示す．この表が示すように，それぞれの伝送路は，単位時間あたりに伝送できる情報量（伝送容量）や距離が異なる．したがって，適用領域や設置コストなどを踏まえて適切な伝送路を選択していくことになる．以下では，それぞれの伝送路の種別について整理する．

1.5.1 ■ 有線（ケーブル）の種別と特徴

物理的な通信回線は，「メタル回線（平衡対ケーブル，同軸ケーブルなど）」と「光回線（光ファイバケーブル）」に分けられる．

（1）　平衡対ケーブル（ツイストペアケーブル）

平衡対ケーブルは，導線の周囲を絶縁物で覆い，2 本の組にしてより合わせたものを束にした線であり，ツイストペアケーブルともよばれる（**図 1.4** 参照）．平衡対ケーブルは，周囲に電磁シールドが施されていない UTP（unshielded twisted pair）ケーブルと，電磁シールドを施した STP（shielded twisted pair）ケーブルの 2 種類に分けられる．平衡対ケーブルを 50～100 本集めて外被を施すことで電気的な遮蔽効果や耐腐食性を高めたケーブルが，これまでアナログ電話回線などに多く使用されてきた．構造が簡単であり，相対的に低コストで導入できるメリットがある．

LAN などで平衡対ケーブルを用いる際の最大伝送距離は，通常 100 m 程度となる．ただし，音声信号などを対象とした相対的に低い周波数帯での信号減衰率は低く，数 km 程度までの距離に対しては，途中で増幅せずに利用できる．一方，他の

導線

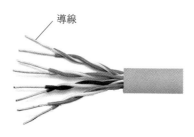

図 1.4　平衡対ケーブルの外観例

種類のケーブルよりも，電磁誘導による漏話や外部からのノイズ混入が発生しやすいなどの課題がある．ケーブルを流れる電気信号は，高周波数ほど減衰しやすいため，通信速度の制約も課題として挙げられる．

(2)　同軸ケーブル

同軸ケーブルは，内部の中心導体を絶縁物で覆い，その周囲を外部導体と保護被膜で囲んだ円心状の多層構造からなる（図 1.5 参照）．外部に対して，とくに高周波帯の電気信号がケーブル内に遮蔽されるだけでなく，平衡対ケーブルよりも電磁干渉の影響を受けにくい．また，信号減衰率が低く，高周波特性などの点でも優れている．同軸ケーブルの伝送距離は数百 m から数 km 程度で，従来は中継伝送などの基幹回線に多く利用されてきたが，平衡対ケーブルと同様に，周波数が高くなるほど伝送損失が増加するため，伝送容量に制約が生じる．このため，光ファイバケーブルへの置き換えが進んでいる．

中心導体

図 1.5　同軸ケーブルの外観例

(3)　光ファイバケーブル

光ファイバは，石英，プラスチック，フッ化物ガラスなどを材料とする．光ファイバの中心部はコアとよばれ，光の通過路となる．コアの周辺部はクラッドとよばれ，光に対する屈折率はコアより低い値になっている．このため，光ファイバに入射した光は，一定の角度条件を満たすと，コアとクラッド間の屈折率の違いによってコア内を反射しながら伝搬する（図 1.6 参照）．

光の伝搬のしかたや構造の違いによる光ファイバの分類例を，図 1.7 に示す．光ファイバ内で反射しながら進む光の伝搬パターン（伝搬経路）の違いはモードとよばれ，一つの伝搬経路しかもたないシングルモードファイバ（単一モード光ファイバ，SM：single mode）と，複数の伝搬経路をもつマルチモードファイバ（複数モード光ファイバ，MM：multi mode）に分けられる．クラッド径は，ともに 125 μm と統一されている．

シングルモードファイバは，コア径 10 μm 程度内であり，光波長や分散特性な

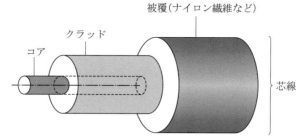

（a）光ファイバの基本構造

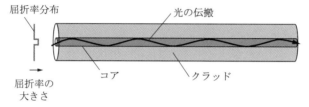

（b）コア内の光の伝搬

図 1.6　光ファイバの基本構造と光の伝搬

光ファイバ ┌ シングルモード
　　　　　　└ マルチモード ┌ ステップインデックスファイバ
　　　　　　　　　　　　　　└ グレーデッドインデックスファイバ

図 1.7　光の伝搬のしかたや構造の違いによる分類例

どの違いにより複数のタイプが存在する．マルチモードファイバは，シングルモードファイバに比較してコア径が大きく 50 または 63 μm 程度であり，コア内の屈折率が一定のステップインデックスファイバと，屈折率が中心から外側に向かって徐々に変化するグレーデッドインデックスファイバ（あるいは，グレートインデックスファイバ）に分類される．ただし，MM ステップインデックスファイバについては，入射角が大きい伝搬光の場合，コア内での反射回数が増加し，信号歪みが生じる可能性があるため，現状の情報通信には採用されていない．

　クラッド内に複数のコアをもつタイプも存在し，マルチコアファイバ（MCF：multi-core fiber）とよばれる（図 1.8 参照）．それぞれのコアは独立した伝送路として利用できることから，伝送容量を増加する際の有効な手法として位置づけられる．コア間の光の干渉（クロストーク）をできる限り抑制できるように，クラッド

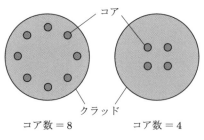

図1.8　マルチコアファイバの断面図

　内に一定の距離をあけてコアが配置される．マルチコアファイバのクラッド径は，125 μm や 300 μm などのタイプが製造されている．

　現在，数 km〜数十 km 以上の中長距離伝送向けには，伝送時の信号劣化がより少ないシングルモードファイバが多く利用される．一方，マルチモードファイバは，伝送容量の点で優れているが，光の分散が大きいため，数百 m 程度以下の中短距離の信号伝送向けの利用に限定される．光ファイバは，メタルケーブルに比較して，低損失（〜0.2 dB/km），広帯域（数百 MHz〜THz），軽量，電磁干渉耐性（電磁誘導性がない，雑音が混入しにくい）などの優れた特徴をもち，長距離・大容量通信を可能にする．

1.5.2 ■ 無線における伝送路種別と特徴

　無線通信の伝送路は，空間が一般的であるが，水中を介する利用形態も含まれる．このとき，情報信号をのせる搬送波として，「電波」，「光」，「音響信号」などが利用される．

(1)　空間伝搬
■電波

　情報をのせる搬送波に電波を利用し，空間を伝送路として送受信する際には，アンテナが用いられる．電波が空間を伝搬する際の速度は，光速 $c = 3.0 \times 10^8$ m/s 程度である．電波の周波数 f [Hz] と波長 λ [m] は反比例の関係にあり，$\lambda = c/f$ となる．電波の周波数が高いほど波長が短くなり，大気中の雨や霧などの影響を受けやすくなる．低い周波数帯の電波ほど，大気状態の影響も受けにくく，また障害物があっても回り込んで伝搬する性質があるため，長距離伝送に向いている．一方で，高周波数帯の電波を搬送波として利用する場合には，伝送距離に制約が生じる

が，より膨大な情報を伝送できる．以上より，電波を利用した無線通信は，伝送する情報量と距離を踏まえて適用領域が選択される．

電磁波の周波数帯からみた無線通信の用途例を，**表 1.3** に示す．電波は，おおむね 3 THz 以下の周波数帯の電磁波を指し，超長波（VLF：very low frequency），長波（LF：low frequency），中波（MF：medium frequency），短波（HF：high frequency），超短波（VHF：very high frequency），極超短波（UHF：ultra high frequency），マイクロ波（SHF：super high frequency），ミリ波（EHF：extremely high frequency）などに分類される．

表 1.3　周波数帯別の電波の用途例

周波数帯	名称	用途例
3〜30 kHz	超長波（VLF）	海底探査，標準電波
〜300 kHz	長波（LF）	船舶・航空用ビーコン，標準電波
〜3 MHz	中波（MF）	船舶通信，AM ラジオ放送，アマチュア無線
〜30 MHz	短波（HF）	船舶通信，短波放送，アマチュア無線
〜300 MHz	超短波（VHF）	FM 放送，アマチュア無線，簡易無線，警察無線，防災行政無線，消防無線，航空管制通信，列車無線
〜3 GHz	極超短波（UHF）	携帯電話，無線 LAN，TV 放送，簡易無線，警察無線，防災行政無線，列車無線，レーダ
〜30 GHz	マイクロ波（SHF）	マイクロ波中継，衛星通信・放送，無線 LAN
〜300 GHz	ミリ波（EHF）	衛星通信，加入者系無線アクセス，レーダ

地球上の電波が伝搬する領域は，地表付近，対流圏，電離圏に大別され，それらを伝搬する形式は，「地上波伝搬」，「対流圏伝搬」，「電離圏伝搬」とよばれる（**図 1.9** 参照）．

・**地上波伝搬**：大地や大地上の地形物・建物の影響を受けながら伝搬する形式で，地表面に沿って伝搬する地表波，受信アンテナに直進する直接波，地表面で反射されて受信アンテナに到達する大地反射波などに分けられる．VHF や UHF などの周波数帯の電波は，見通しのきく 2 地点間の伝搬で利用され，その場合は見通し内伝搬ともよばれる．

・**対流圏伝搬**：大気温度は地表からの高度とともに減少するが，ある高さに達するとその変化は一定になる．この高度と地表面の間にある大気の層は，対流圏

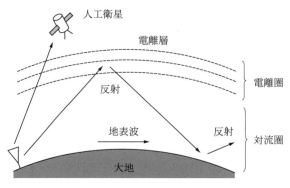

図1.9　地球上での電波伝搬

とよばれる．対流圏伝搬は，大気状態の変動によって受信強度が時間的に変化する現象（フェージング）を生じる場合があり，数 GHz～10 GHz 程度以上の電波に大きく影響を与える．

・**電離圏伝搬**：電離層は，太陽の紫外線などにより，大気上層部の成分が自由電子とイオンに電離した領域であり，数十 km から数千 km の高度に位置する．また，E 層，F 層，D 層などの複数の層から構成される．電離圏伝搬では，各種の電離層で屈折，反射しながら電波が伝搬し，その周波数により反射する層が異なる．VLF から HF の周波数帯の電波は，地表と電離層の間を反射しながら遠方に到達することができる．また，人工衛星を中継器として長距離を結ぶ衛星通信では，電離圏上空の人工衛星と地表の通信基地局間で SHF や EHF の周波数帯の電波が利用される．

■光

　光無線通信では，赤外光や可視光が搬送波として利用され，LED（light emitting diode）照明や発光レーザ，ダイオードなどを送信素子として通信システムを構築する．光は電波より波長が短く，強い指向性をもっているため，見通しのきく 2 地点間での利用に制約される．また，空間を伝搬する過程で信号レベルが減衰することから，伝送距離の点で適用範囲が絞られる．さらに，屋外利用の場合，雪や霧による吸収・拡散などを含めて，外部環境の影響を大きく受ける．しかし，通信機器設置の容易性やセキュリティ対策などの点で有利な方式であり，今後の可能性が期待されている．

■音響信号

　ケーブル敷設に経費を要する施設や，電波が届きにくい環境向けのアプリケーションとして，非可聴音（透かし音）や放送音・環境音などに情報を埋め込んで送信する音響無線通信が利用できる．このとき，音響信号に埋め込んだ元の情報が第三者に傍受されないように送信する技術は，音響情報秘匿とよばれる．環境音や音楽などの音響信号の品質を損なわないように，送信したい情報を埋め込むのが音響情報秘匿の鍵であり，ディジタル変調などが利用される．また，環境音や音楽などではなく，雑音やアナウンス音声などに情報を埋め込む方式も提案されている．音響無線通信については，周囲の環境音などの影響を大きく受けるため，限定された空間内での活用が前提となる．

(2)　水中伝搬

■電波

　水中では，電波は急激に減衰するため，音響信号や光を用いる方式が主流となる．しかし，電波は音響信号よりも伝搬速度が速く，減衰量が比較的少ない近距離間での利用が期待されている．ただし，海中では，塩分，水圧，海流などの環境の影響を受けるため，電波伝搬特性を利用条件に応じて考慮する必要がある．今後の水中電波通信の応用の具体例として，次世代の海底探査機間の通信，海底地震計間の通信などが挙げられる．

■光

　可視光を用いた光無線通信は，水中の濁度や光の波長により，信号伝搬時の減衰率が大きく変化する．光は水中の浮遊物による散乱減衰が大きいため，有効距離は10〜100 m 程度に留まる．また，光は指向性が高く，送受信間の光軸を合わせる必要があるなど，利用形態にも制約がある．一方，電波や音響信号を利用した方式よりも伝送容量が大きく，水中での減衰率が少ない波長帯（約 400〜800 nm）のレーザー光源が開発されるなど，今後の発展が期待されている．

■音響信号

　水中における無線方式として，現在のところ主流である．ただし，音響信号の水中での伝搬速度が電波や光の 20 万分の 1 程度であり，帯域幅に制約があることから，高速データを送信できないという課題がある．また，水深が 200 m 程度の浅海域では，音は海面と海底で反射を繰り返しながら伝搬するため，受信信号の歪み

なども生じる．さらに，送信機や受信機が移動するような利用シーンでは，ドップラ効果による周波数シフト（ドップラシフト）が発生する点や，周辺の船舶からスクリュー雑音などの影響を受ける点なども課題として挙げられる．通常，有効な伝送距離は数 km 程度内となる．

1.6　通信規約（プロトコル）と階層モデル

　通信ネットワークの構成要素となる通信機器（電話機やコンピュータなどの通信端末，電気通信事業者内に置かれる交換機などの通信機器）が，互いに接続して情報交換するための通信規約は，プロトコル（protocol）として定められている．通信プロトコルは，通信回線の物理的な規格，情報交換する際の接続・開放などの手順，情報信号のフォーマットなどを規定する．なお，一つの通信処理を実行する場合でも，複数のプロトコルの組み合わせにより成立することが多く，目的とする通信に必要なプロトコル群をまとめたものは，プロトコルスタックとよばれる．

　多種多様な通信機器が相互に接続できるように，通信機能を階層構造に分割して整理した OSI 参照モデルが，ISO（国際標準化機構）と CCITT（国際電信電話諮問委員会，現 ITU-T（国際電気通信連合・電気通信標準化部門））により，1980 年代半ばに策定された[†]．このモデルは，開放型システム間相互接続の基本参照モデル（Open Systems Interconnection-Basic Reference Model）に基づいて，通信機能が次のように 7 階層に分割されている（図 1.10 参照）．各層は自身と隣接する上位・下位の層とデータの受け渡しを行う．

(1)　物理層（第 1 層）
　物理層では，通信端末 – 通信ネットワーク間の物理的な接続の開始・維持に関する電気的・機械的な条件を規定する．
具体例：インターフェース部のコネクタの形状，光ファイバ・平衡対ケーブル・同軸ケーブルの仕様（1.5.1 項参照），情報信号のビット列・符号化・変調方式の規定（2.4，2.5 節，3.3.2 項参照）など．

[†]　OSI：Open Systems Interconnection, ISO：International Organization for Standardization, CCITT：Comite Consultatif International Telegraphique et Telephonique, ITU-T：International Telecommunication Union-Telecommunication Standardization Sector.

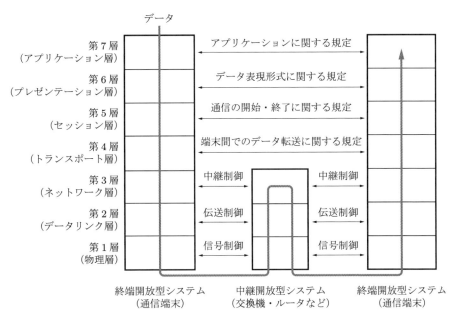

図 1.10　OSI 参照モデルの階層構造

(2)　データリンク層（第 2 層）

　データリンク層は，隣接して接続される通信機器間での情報信号の送受信に関する条件を規定する．この層で上位のネットワーク層と下位の物理層との間でデータの受け渡しを行うときの単位は，フレームとよばれる．データリンク層における代表的なプロトコルの例として，データのフレーム構成や転送手順に関する HDLC（High-level Data Link Control）や，LAN の標準規格に関連する LLC/MAC（5.1, 5.3 節参照）などがある．

具体例：MAC アドレスによる通信機器の識別や認識（5.1 節参照），伝送路上の信号の衝突の検知や回避（5.2 節参照），データのフレーム構造およびフレームへの分割や組み立て（5.3.2 項，6.2 節参照），伝送過程での誤り検知・訂正など．

(3)　ネットワーク層（第 3 層）

　ネットワーク層は，両端の通信端末間（エンドエンド間）でのアドレシング（端末を識別する論理番号の割り当てなど）や，データ転送のための経路選択（ルーティング）を規定する．IP ネットワークで用いられるアドレス番号は IP アドレスとよばれ，データの送受信における単位は IP パケット（IP データグラム）とよばれる（6.2 節参照）．

具体例：IP アドレスの割り当て（6.2, 6.3 節参照），IP パケットの分解と組み立て（6.2, 6.3 節参照），データ転送のための経路選択（ルーティング，6.5 節参照）など．

（4）　トランスポート層（第 4 層）

トランスポート層は，通信端末間で信頼性の高いデータ転送を実現するための通信管理に関する機能を規定し，データの送信元と送信先の間での制御や通知などの役割を担う．IP ネットワークでは，TCP や UDP（6.3, 6.4 節参照）がこの層のプロトコルに対応する．

具体例：いちどに送信可能なサイズに合わせたデータの分割処理（6.2, 6.3 節参照），分割されたデータの順序整列（6.2, 6.3 節参照），コネクション（データが流れる際の論理的な伝送路あるいは通信経路）の確立（6.4 節参照），相手端末の受信バッファあふれを防止するフロー制御（6.4 節参照），通信ネットワークの混雑を抑制する輻輳制御（6.4 節参照），データのエラー検出・訂正と再送制御（6.4 節参照），アプリケーション種別の識別（6.4 節参照）など．

（5）　セッション層（第 5 層）

セッション層では，通信プログラム（アプリケーション）間での通信の開始から終了までを管理する一連の処理（セッション）を規定する．セッション層では，各アプリケーションどうしの論理的なパスを制御し，セッション確立後にはデータ転送が可能な状態になる．ただし，現代では，アプリケーションが必要に応じてセッションの管理を行っているため，OSI 参照モデルで規定されるセッション層の単独のプロトコルは限定される．

具体例：VoIP や映像配信などのリアルタイムアプリケーションで用いられるRTP プロトコル（7.3 節参照）など．

（6）　プレゼンテーション層（第 6 層）

プレゼンテーション層では，上位のアプリケーション層で用いられるデータの表現形式を規定する．この層により，送信側と受信側の通信端末で使用している表現形式が異なっていても，データの表現形式を補正して送受信が可能となる．

具体例：文字コード（ASCII コード，JIS コードなど）の変換や符号化，データのフォーマット，データの圧縮方式，データの暗号化処理（7.2.3, 9.2.3 項参照）など．

(7) アプリケーション層（第7層）

アプリケーション層は，各種のネットワークアプリケーションを動作させる機能を規定する．OSI 参照モデルでは，利用者が操作するソフトウェアの仕様・データ形式・通信手順などを定めている．

具体例：電子メール用のプロトコル SMTP ほか，ファイル転送用のプロトコル FTP，Web 閲覧用のプロトコル HTTP，IP アドレスの割り当てプロトコル DHCP など（6.6 節参照）．

図 1.10 のように，OSI 参照モデルは中継機器を介して両端末間（エンドエンド間）でデータの送受信を行う．両端に位置する通信機器（通信端末）は，OSI 参照モデルの第 1〜7 層までに対応し，中継地点に置かれる通信機器（交換機・ルータなど）については，第 1〜3 層の役割を担うことがわかる．実際の通信においては，各層の処理は単独で実現されるわけではなく，複数層の役割が相互に連携する．なお，IP ネットワークで用いられる TCP/IP 階層モデルと OSI 参照モデルとの関係については，6.2 節で改めて解説する．

演習問題

1.1　通信ネットワークの階層構造（図 1.1）において，中継ネットワークとアクセスネットワークの役割を説明せよ．

1.2　通信ネットワークの接続形態による分類例を提示せよ．

1.3　通信ネットワークの規模による分類例を提示せよ．

1.4　情報信号の送信方向からみた通信方式の分類例を提示せよ．

1.5　交換方式の違いによる通信方式の分類例を提示せよ．

1.6　通信ネットワークで用いられる伝送路の種類と特徴を整理せよ．

1.7　光ファイバケーブルの分類例と特徴を整理せよ．

1.8　OSI 参照モデルの各層の役割を整理するとともに，各層に対応する具体的な項目例を提示せよ．

情報信号の伝送技術（1）：情報信号の種別と変換処理

　通信ネットワークを介して人がやりとりする情報として，音声，画像（映像），テキストなどが挙げられる．実際の通信環境では，これらの情報は元の信号形式のまま伝送されるわけではなく，伝送路の種別に応じて，離散化したディジタル信号へ変換される．本章では，情報信号の伝送技術の基礎として，情報信号の種別，アクセス回線別の情報信号の扱い，情報信号の伝送方式の分類例，アナログ信号の変換，情報信号のディジタル符号変換について述べる．

2.1　情報信号の種別

　情報通信技術の発展とともに，通信ネットワークを流れる情報量は飛躍的に増加した．たとえば，従来は音声会話や電信サービスなどが主体であったが，現在はインターネットを介した映像配信サービスが広く利用されるなど，通信環境は大きく変化している．一方，通信ネットワークは，信頼性を確保しながら，情報信号を迅速に伝達する役割が求められる．このとき，対象となる情報信号の特性や情報量に応じて，通信ネットワークを管理・運用していく必要がある．

　日常生活において，人がやりとりする音声，画像，テキストなどの情報は，連続的なアナログ量として表現される．しかし，コンピュータでは，離散的なデータ列として情報信号を処理するため，元のアナログ信号からディジタル信号に変換して処理される．このとき，アナログ信号をディジタル信号へ変換する処理は，AD（analog-digital）変換とよばれる．また，ディジタル信号からアナログ信号へ戻すための処理は，DA（digital-analog）変換とよばれる．

　通信ネットワークを介して各種の情報信号を伝送する際，電話機，携帯端末，コンピュータ（PC）などの通信端末が利用される．ここで，情報信号の種別ごとの取り扱いを整理した例を図2.1に示す．従来のアナログ電話機では，入力した音声（アナログ信号）がアナログ信号として出力される．ディジタル電話機，携帯端末，PCでは，入力した音声，画像，テキストなどのアナログ信号や入力操作が，ディジタル信号（あるいはディジタル変調信号）に変換され，出力される．また，携帯

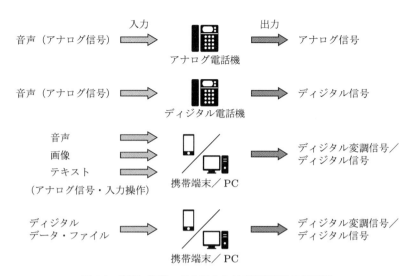

図2.1　音声・画像・テキストなどの情報信号の処理例

端末やPCで扱うテキストや映像などのファイルについては，ディジタルデータ（あるいはディジタルファイル）としてコード化され，処理される．

　情報信号の例として，音声・オーディオ信号，画像，テキストデータの概要や特徴などを以下に整理する．

（1）音声・オーディオ信号

　音声やオーディオ信号は，1次元の時系列信号である．人間の可聴周波数帯域は，およそ20 Hz〜20 kHz程度とされており，音の大きさも心理的変数として影響を与える．一方，人の音声を例に挙げると，主要な成分は300 Hz〜3 kHz程度の周波数範囲に分布していることが知られている．従来の公衆交換電話ネットワークにおける音声向け電話回線の伝送帯域幅は300 Hz〜3.4 kHzに設定されてきたが，広帯域化への転換を見据えて，150 Hz〜7 kHz範囲のIP音声電話用ハンドセット電話機向け規格が2007年に規定されている．また，この間に，ディジタル音声向けの多様なAD変換方式の規格が提案されてきた．

　図2.2は，音声信号の時間波形とその時間‐周波数解析の例を示している．図下段において，縦軸は解析対象とする周波数範囲を示しており，時間波形の変動特性に対応する形で，主要な周波数スペクトルが上限3 kHz程度の範囲に分布していることが確認できる．音声やオーディオ信号を伝送路へ送る際には，それぞれの信号の周波数特性，サービス種別，伝送路の周波数帯域などを考慮して，符号化方式

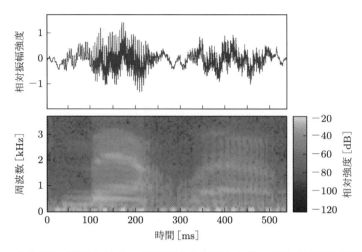

図2.2　音声信号の解析例（上段：時間領域の音声信号，下段：時間‐周波数解析結果例）

が選択される（2.5節，3.2.1項参照）．

(2)　画像

　画像は，通常2次元平面上に表示される情報であり，時間的に変化しない静止画（静止画像）と，変化する動画（動画像）に分けられる．前者の例には，写真フィルム，ファクシミリ画像，絵画などがあり，後者の例には，テレビや映画などの放送配信向け動画像（あるいは映像）などがある．写真フィルムや絵画などの元画像は，アナログ信号形式となっているが，PCなどの情報装置に取り込まれる際には，ディジタル画像に変換して処理される．

　また，ディジタル画像は，曲線や点をベクトル表現に置き換えて表現するベクトル画像と，離散的な格子点の集合として表現されるラスター画像（ビットマップ画像）に大別される．アナログ画像からディジタル変換する場合などを含めて，通常はラスター画像をディジタル画像として扱うことが多い．ディジタル画像（ラスター画像）は，画素（pixel）とよばれる離散的な格子点から構成され，図2.3に示すような正方形タイプが一般的に普及している．ディジタル画像の解像度は画素数により決定され，その数が多いほど，より精細な画像を再生できる．ここで，画像平面の横方向と縦方向の画素数がそれぞれ M, N の場合，$M \times N$ 画素と表現される．各画素には，濃淡値または輝度値が割り当てられており，画像は白黒などの濃淡画像とカラー画像に分けられる．

　なお，ディジタル画像（静止画）のフォーマット形式の例として，「JPEG（Joint

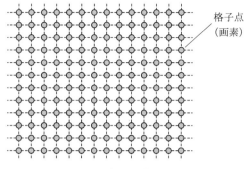

格子点
（画素）

図2.3　ディジタル画像の画素配列

Photographic Experts Group)」，「BMP（Bit Map)」，「TIFF（Tagged Image File Format)」，「PNG（Portable Network Graphics)」などがある．また，動画像のフォーマット形式（あるいは符号化方式）も複数存在し，画像の周波数特性，サービス種別，伝送路の帯域などを考慮して選択される（2.5 節，3.2.2 項参照）．

(3)　テキストデータ

コンピュータのキーボードなどを介して入力されるテキスト（文字，数値など）には，文字コードとよばれるビット列 (0, 1) が割り当てられている．文字コードは，1 バイトコードと 2 バイトコードの 2 種類があり，前者の例として米国規格 ASCII，後者の例として JIS 漢字コード，シフト JIS 漢字コード，Unicode などの体系が存在する．このように，コンピュータ上で文章を作成する場合には，文字や数値にコードが割り振られて処理される．

2.2　アクセス回線別の情報信号の伝送処理

前節で示したように，人間が日常生活で扱う情報の多くは，連続的なアナログ量として表現されるが，コンピュータなどの情報装置内では，ディジタル信号に変換して処理される．また，通信ネットワークを介して情報信号を伝送する際には，伝送路の種別などに応じて，変調とよばれる信号処理が施される（1.2, 2.3, 2.4 節参照）．

ただし，通信ネットワーク内では，すべての情報信号がディジタル信号形式で処理されるわけではなく，アナログ信号形式で伝送される区間が存在するケースもある．ここで，ユーザ端末～中継ネットワーク区間における情報信号（音声などのア

ナログ信号，テキストなどから変換されたディジタル信号）の伝送処理方式の分類
例を，表2.1と表2.2に示す．各方式の概要は，以下のとおりである．

- **アナログ信号(1)**：アクセス回線がメタル・アナログ回線の場合であり，電話
  機（固定電話）に入力された音声信号が，アナログ信号の形式のままアクセス
  ノード（電話局内の加入者交換機など）に伝送される例を示している．この例
  では，アクセスノードにおいて，アナログ信号がディジタル信号に変換される．
  また，中継ネットワーク内では，通常はディジタル信号（あるいはディジタル
  変調信号）の形式で伝送される．
- **アナログ信号(2)**：アクセス回線がメタル・ディジタル回線の場合であり，電
  話機に入力された音声信号が，ディジタル信号の形式に変換されたあとに，ア
  クセスノード（電話局内の加入者交換機など）に伝送される例を示している．
  なお，ディジタル信号を伝送する際に，変調処理が施されることもある．ディ
  ジタル回線において，アナログ型の電話機を利用する場合には，変換装置を用
  いてアナログ信号からディジタル信号形式へ変換する．

表2.1　アナログ信号の伝送処理方式の分類例

対象信号	接続形態および伝送方式のイメージ
アナログ信号(1)（メタル・アナログ回線）	アナログ信号／アナログ電話機／アナログ回線（メタル）／アクセスノード／ディジタル信号／中継ネットワーク
アナログ信号(2)（メタル・ディジタル回線）	アナログ信号／電話機／宅内装置／ディジタル信号／ディジタル回線（メタル）／アクセスノード／ディジタル信号／中継ネットワーク
アナログ信号(3)（光回線）	アナログ信号／電話機／宅内装置／ディジタル変調信号(光変調)／光回線／アクセスノード／ディジタル信号／中継ネットワーク
アナログ信号(4)（無線アクセス）	アナログ信号／ディジタル携帯端末／ディジタル変調信号／無線／無線基地局（アクセスノード）／交換機など／ディジタル信号／ディジタル信号／中継ネットワーク

・アナログ信号(3)：アクセス回線が光回線（光ファイバ）の場合であり，電話機に入力された音声信号が，宅内装置（光回線終端装置）により電気信号から光信号へ変換されたあとに，光回線に伝送される例を示している．通常，光回線はディジタル通信に利用され，電気信号から光信号へ変換する際に光変調（ディジタル変調）が施される．また，この例では，アクセスノード（光回線収容装置ほか）が光信号を電気信号（ディジタル信号）へ変換する．

・アナログ信号(4)：無線アクセスの場合であり，ディジタル携帯端末から出力される際に，変調処理が施された無線信号（ディジタル変調信号）がアクセスノード（無線基地局，アクセスポイント）へ伝送される例を示している．アクセスリンクが無線の場合は，アナログ伝送路に対応し，ディジタル変調処理を施して伝送する処理が必須となる．この例では，アクセスノードで受信したディジタル変調信号が，ディジタル信号に変換される．

・ディジタル信号(1)：アクセス回線がメタル・アナログ回線の場合であり，

表 2.2　ディジタル信号の伝送処理方式の分類例

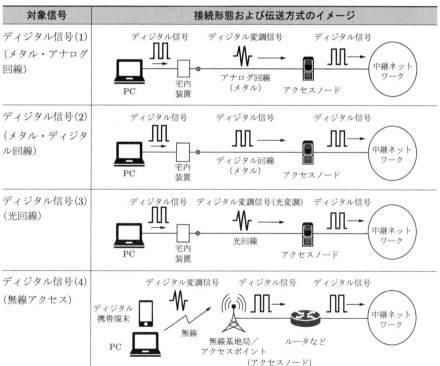

ディジタル信号の伝送には適さないことから，PC から出力されるディジタル
信号形式のままではなく，ディジタル変調信号としてアクセスノードに伝送さ
れる例を示している．この例では，宅内装置（モデムなど）を用いてディジタ
ル変調処理を施す方法をとっている．また，アクセスノードで受信したディジ
タル変調信号が，ディジタル信号に変換される．

・**ディジタル信号(2)**：アクセス回線がメタル・ディジタル回線の場合であり，
PC から出力されるディジタル信号が，ディジタル信号形式のままアクセス
ノードに伝送される例を示している．なお，ディジタル信号を伝送する際に，
変調処理が施されることもある．

・**ディジタル信号(3)**：アクセス回線が光回線の場合であり，PC から出力され
る電気信号が光信号に変換されたあとに，光回線に送られる例を示している．
ここで，電気信号（ディジタル信号）から光信号へ変換する際に，変調処理が
施される．

・**ディジタル信号(4)**：無線アクセスの場合であり，ディジタル携帯端末や PC
から出力される際に，変調処理が施された情報信号（ディジタル変調信号）が
アクセスノード（基地局，アクセスポイント）に伝送される例を示している．

2.3　情報信号の伝送方式の分類

　前述したように，通信ネットワークでは，アナログ信号またはディジタル信号の
形式で情報信号が伝送される．このとき，伝送路の種別などに応じて，情報信号に
対して変調処理が施される．一方，有線ケーブルを利用するケースでは，必ずしも
変調処理を施す必要はない．元の信号形式のまま情報信号を伝送する方式は，ベー
スバンド伝送（baseband transmission）または基底帯域伝送とよばれる．

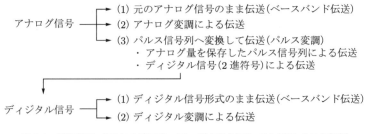

アナログ信号 ──
　├─ (1) 元のアナログ信号のまま伝送（ベースバンド伝送）
　├─ (2) アナログ変調による伝送
　└─ (3) パルス信号列へ変換して伝送（パルス変調）
　　　　・アナログ量を保存したパルス信号列による伝送
　　　　・ディジタル信号（2 進符号）による伝送

ディジタル信号 ──
　├─ (1) ディジタル信号形式のまま伝送（ベースバンド伝送）
　└─ (2) ディジタル変調による伝送

図2.4　情報信号（アナログ信号，ディジタル信号）の伝送形式の分類例

　元の情報信号としてアナログ信号とディジタル信号を想定する場合の伝送パターンは，図2.4に示すように分類できる．

2.3.1 ■ アナログ信号の伝送

　アナログ信号の伝送は，「元のアナログ信号のまま伝送する方式（ベースバンド伝送）」，「アナログ変調を施して伝送する方式」，「パルス信号列へ変換して伝送する方式（パルス変調）」に分けられる．

(1)　元のアナログ信号形式のまま伝送（ベースバンド伝送）

　有線により情報信号を伝送する場合には，一定の制約条件のもとで，元の信号形式のまま扱うことができる．アナログ電話回線の例を挙げると，300 Hz〜3.4 kHzの周波数帯をカバーしており，数 km の距離内であれば，音声信号の劣化を抑えて伝送できる．元のアナログ信号形式のまま伝送する方式は，ベースバンド伝送（アナログベースバンド伝送）とよばれる．

(2)　アナログ変調による伝送（2.4.1 項参照）

　情報信号を伝送する場合，伝送過程で歪みが発生することが多く，変調を施すのが一般的である．対象とする情報信号がもつ周波数帯域に比較して，十分に高い周波数の搬送波（アナログ信号）を用いて伝送する処理方式は，アナログ変調（搬送波アナログ変調）とよばれる．

(3)　パルス信号列へ変換して伝送（パルス変調，2.4.2 項参照）

　アナログ信号をパルス信号列に変換する処理は，パルス変調（pulse modulation）とよばれる．パルス変調は，アナログ量を保存したパルス信号列に変換する方式（アナログパルス変調）と，2 進符号のディジタル信号へ変換する方式（ディジタルパルス変調，ディジタル符号化）に分けられる．

2.3.2 ■ ディジタル信号の伝送

　今日では，各種の情報信号をディジタル化して伝送するディジタル通信が主流となっている．ディジタル信号の伝送は，「ベースバンド伝送」と「ディジタル変調を適用する搬送波伝送」に分けられる．

(1)　ベースバンド伝送（3.3.1 項参照）

　アナログ信号の伝送時と同様に，送信する信号波形の劣化が一定の範囲で抑制さ

れる条件を満たす伝送路の場合，ディジタル信号形式のまま扱うことができる．ディジタル信号のまま伝送する方式は，ディジタルベースバンド伝送とよばれる．

(2) ディジタル変調による伝送 (3.3.2 項参照)

利用する伝送路などの種別に応じて，ディジタル変調（搬送波ディジタル変調）を適用する伝送方式が選択される．このとき，搬送波の振幅（amplitude）・周波数（frequency）・位相（phase）のいずれか一つ以上を変化させる方式がある．

2.4 アナログ信号の変換：アナログ変調とパルス変調

本節では，図 2.4 で示したアナログ信号の伝送方式のうち，アナログ変調とパルス変調の基礎を解説する．

2.4.1 アナログ変調

元の情報信号（アナログ信号）を搬送波にのせる操作は，アナログ変調とよばれる．搬送波の振幅・周波数・位相の変化を用いて情報信号を伝送する方式として，「振幅変調（AM：amplitude modulation）」，「周波数変調（FM：frequency modulation）」，「位相変調（PM：phase modulation）」がある（図 2.5 参照）．アナログ変調は，おもに無線放送分野で利用されるが，伝送対象とする情報信号の特性を考慮して選択される．このとき，選択する変調方式により，周波数の占有帯域幅なども異なる（⇒ p. 29 Note 2.1）．

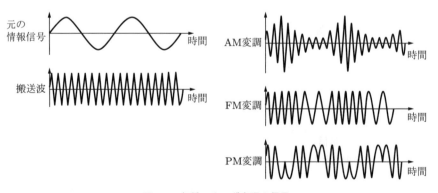

図 2.5 各種アナログ変調の信号

（1） 振幅変調

　搬送波の振幅変動を利用して情報を伝送する変調方式は，振幅変調（AM）とよばれる．AM 変調による伝送信号は，FM 変調に比べて周波数軸上の占有幅が狭く，決められた周波数帯域の中でより多くの情報を伝送できる．また，AM 変調の送受信回路は，比較的簡易に実現できるという点でもメリットがある．AM 変調方式の具体的な適用例としては，AM ラジオ放送や航空無線，アナログテレビ放送などがある．

（2） 周波数変調

　搬送波の周波数変化を利用して情報を伝送する変調方式は，周波数変調（FM）とよばれる．変調に利用する周波数の変化（周波数偏移）を大きく設定すれば，ダイナミックレンジ（信号の変動幅）や占有帯域幅が広がり，信号対ノイズ比（SN 比）を高くすることができる．その結果，AM 変調に比較して，伝送信号の品質を高くすることができる．一方で，周波数の占有幅が広い点がデメリットとして挙げられる．また，FM 変調をかけた電波が混信した場合には，相対的に振幅レベルの低い電波が干渉される現象が発生する．FM 変調方式の具体的な適用例としては，FM ラジオ放送，アマチュア無線，業務無線などがある．

（3） 位相変調

　搬送波の位相変化を利用して情報を伝送する変調方式は，位相変調（PM）とよばれる．FM 変調と同一雑音下で比較した場合，PM 変調のほうが伝送効率は優れているが，周波数帯域あたりの伝送効率は低く，かつ受信回路が比較的複雑になる．そのため，アナログ変調方式としての PM 変調は，ほとんど利用されていない．一方，ディジタル信号の変調方式として広く普及しており，PSK とよばれる（3.3.2 項参照）．

Note 2.1 アナログ変調方式の基本特性

（1） AM 変調

　AM 変調では，送信したい信号の振幅の大きさに比例して搬送波の振幅を変化させる．いま，搬送波の振幅と周波数をそれぞれ A_c, f_c, 比例定数を k, 送信対象の情報信号を $s(t)$ とすると，AM 変調は次式のように表現できる．

$$v(t) = \{A_c + ks(t)\}\cos(2\pi f_c t) = A_c\left\{1 + \frac{k}{A_c}s(t)\right\}\cos(2\pi f_c t) \tag{2.1}$$

ここで，$m_A = k/A_c$ とおくと，

$$v(t) = A_c\{1 + m_A s(t)\}\cos(2\pi f_c t) \tag{2.2}$$

となり，$|m_A s(t)|$ の最大値は変調度とよばれる．変調度は，搬送波に対する送信信号の振幅比に対応し，変調歪みを抑制するためには，0〜1 の範囲に設定する．

次に，単純な例として，情報信号が単一周波数 f_s をもつ正弦波であると仮定し，$s(t) = \sin(2\pi f_s t)$ とおいた場合，

$$v(t) = A_c\{1 + m_A \sin(2\pi f_s t)\}\cos(2\pi f_c t)$$

$$= A_c \cos(2\pi f_c t) + \frac{A_c m_A}{2}\sin\{2\pi(f_c + f_s)t\} - \frac{A_c m_A}{2}\sin\{2\pi(f_c - f_s)t\} \tag{2.3}$$

となる．これより，$f > 0$ の領域における電力スペクトル分布は，図 n.2.1(a) のように描ける．この例は，正弦波による変調を表しており，f_c の位置に搬送波の線スペクトル，また $f_c \pm f_s$ の位置に送信信号の線スペクトルが観測される．実際の送信信号は単一の周波数成分だけを含むわけではなく，一定の帯域幅（最大周波数 $f_{\max}$）をもち，図(b) のように描くことができる．

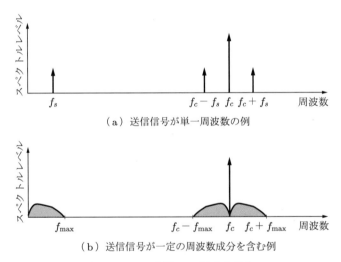

（a）送信信号が単一周波数の例

（b）送信信号が一定の周波数成分を含む例

図 n.2.1　AM 変調のスペクトル分布

搬送波の周波数 f_c を中心として左右対称に送信信号のスペクトルが分布する．これらは，右側が上側波帯（USB：upper sideband），左側が下側波帯（LSB：lower sideband）とよばれる．元信号は，いずれかの側波帯だけで復元できる．なお，この搬送波は情報を含んでいないので，搬送波を取り除けば送信電力を抑制できる．この方

式は，搬送波抑圧振幅変調（SC-AM：suppressed carrier-amplitude modulation）とよばれる．また，二つの側波帯は同じ情報を含んでいることから，その一方のみを伝送すれば，送信電力の削減に加えて，周波数の占有帯域幅を半分にできる．このように一つの側波帯のみを送信する方式は，単側波帯振幅変調（SSB-AM：single sideband-amplitude modulation）とよばれる．ただし，搬送波が含まれていない場合，受信機で周波数の同調操作を行う際に，より精度の高いフィルタ回路が必要となる．

　振幅変調は，より低い周波数帯域にある元の送信信号を，より高い周波数領域にある搬送波の位置に移す操作に対応する．この操作を多数の搬送波周波数に拡張した多重化方式が，周波数分割多重（3.6.2 項参照）である．

（2）　FM 変調と PM 変調

　FM 変調と PM 変調は，搬送波の角度である位相をアナログ的に変化させて情報を伝送するため，角度変調ともよばれる．

　このとき，搬送波の振幅と周波数をそれぞれ A_c, f_c, 位相を $\theta(t)$ とすると，角度変調は次式のような表現で与えられる．

$$v(t) = A_c \cos\{2\pi f_c t + \theta(t)\} \tag{2.4}$$

　FM 変調では，通常は上記の周波数遷移（瞬時周波数 $d\theta(t)/dt$）が送信信号（変調信号）$s(t)$ に比例するように設定する．すなわち

$$\frac{d\theta(t)}{dt} = k_f s(t) \quad (k_f：定数) \tag{2.5}$$

より，次式となる．

$$\theta(t) = k_f \int_0^t s(\tau) d\tau \tag{2.6}$$

　ここで，単純な例として，情報信号が単一周波数 f_s をもつ正弦波と仮定し，$s(t) = \cos(2\pi f_s t)$ とおいた場合，FM 信号波は，

$$v(t) = A_c \cos\{2\pi f_c t + k_f \sin(2\pi f_s t) + \varphi\} \tag{2.7}$$

と表現できる．ただし，φ はランダムな位相定数である．

　次に，PM 変調では，式（2.4）の位相 $\theta(t)$ の変化に送信信号 $s(t)$ を直接のせる方法をとり，

$$\theta(t) = k_p s(t) \quad (k_p：定数) \tag{2.8}$$

となる．

　ここで，単純な例として，情報信号が単一周波数 f_s をもつ正弦波と仮定し，$s(t) = \cos(2\pi f_s t)$ とおいた場合，PM 信号波は，

$$v(t) = A_c \cos\{2\pi f_c t + k_p \cos(2\pi f_s t) + \varphi\} \tag{2.9}$$

と表現できる．ただし，φ はランダムな位相定数である．

　角度変調方式の周波数スペクトルは，AM 変調に比較して複雑であり，搬送波周波数 f_c の前後の位置に情報信号の周波数スペクトルが一定の帯域で分布する傾向を示す（図 n.2.2 参照）．

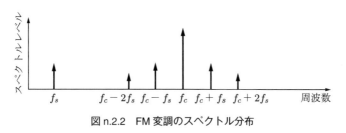

図 n.2.2　FM 変調のスペクトル分布

2.4.2 ■ パルス変調

　元のアナログ信号を標本化（2.5 節参照）し，標本サンプルの振幅情報を保持したパルス信号列を生成する処理は，パルス変調方式に分類される．パルス変調は，「アナログ量を保存したパルス信号列に変換する方式（アナログパルス変調）」と，「2 進符号のディジタル信号列へ変換する方式（ディジタルパルス変調，ディジタル符号化）」などに分けられる．

　アナログパルス変調は，元のアナログ信号の標本値をパルス列で表現する方式であり，パルス信号の振幅値，位置，幅に対応させた PAM（pulse amplitude modulation）信号，PPM（pulse position modulation）信号，PWM（pulse width modulation）信号を生成する方式が存在する．ここで，元のアナログ信号に対応する各パルス信号列の生成原理を図 2.6 に示す．この図が示すように，元のアナログ信号の変動特性が，離散的なパルス列として表現されている．これらの信号波形は，情報通信の伝送向けとしては一般的に利用されていない．しかし，1950〜1960 年代にかけて，PAM 信号を用いた電子交換機システムの時分割多重化技術の研究開発が進められた時期がある．また，イーサネット（5.3 節参照）の高速化実現に向けた符号化方式の規格例として PAM 信号が挙げられる．

　一方，PAM 信号の標本値を 2 進符号に変換するパルス符号変調（PCM：pulse

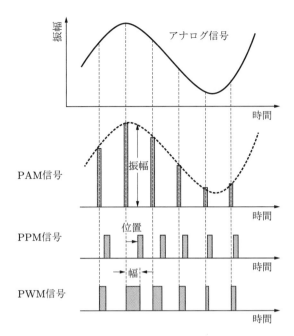

図 2.6　PAM 信号，PPM 信号，PWM 信号の生成原理

code modulation）は，ディジタルパルス変調とよばれる．この操作は，情報信号（アナログ）のディジタル変換に対応し，今日のディジタル通信では広く普及している（2.5 節参照）．

2.5　情報信号のディジタル符号変換

　本節では，アナログ量で表現される元の情報信号からディジタル信号（2 進符号列）への変換処理（AD 変換）について解説する．ここで，情報信号のディジタル量への変換は，「標本化（sampling）」，「量子化（quantization）」，「符号化（coding）」の三つのステップからなる．

　以下では，時系列的に変動するアナログ信号（1 次元）と，一般に 2 次元平面上に表示される画像信号（2 次元）の各ケースに関する変換処理の流れを整理する．

2.5.1　時系列信号の変換

（1）　ステップ 1：標本化

　時系列的に変動するアナログ信号を一定の時間間隔で離散化していく処理は，標

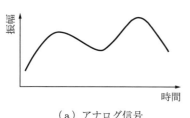

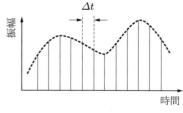

（a）アナログ信号　　　　　（b）標本化されたパルス信号列

図2.7　アナログ信号（1次元）の標本化処理

本化（サンプリング）とよばれる．図2.7は，連続的に変化するアナログ信号を一定の時間間隔（サンプリング間隔）Δt で標本化する処理を示しており，標本化されたパルス列は，2.4.2項で示した PAM 信号と等価となる．

このとき，アナログ信号を標本化する際の時間間隔 Δt が狭いほど，より正確に元のアナログ信号を表現できる．一方で，サンプリング間隔を狭くしすぎると，必要以上にサンプル数が増加するため，処理効率が低下する．そこで，アナログ信号を標本化する際の時間間隔の目安として活用されるのが，シャノンの標本化定理(⇒ p. 34 **Note** 2.2）である．

Note 2.2　標本化定理

　標本化定理は，AD 変換時のアナログ信号のサンプリング間隔を与える．対象とするアナログ信号に含まれている最高周波数を f_H とする．このとき，標本化周波数（サンプリング周波数）f_s を，次式のように f_H の2倍以上とすると，標本値より元の信号を完全に復元できる．

$$f_s \geq 2f_H \tag{2.10}$$

この標本化処理を時間領域よりみた場合には，

$$\Delta t \leq \frac{1}{2f_H} \tag{2.11}$$

と記述される．ここで，標本化周波数の1/2の周波数を，ナイキスト周波数という．

（2）　ステップ2：量子化

　あらかじめ設定した振幅範囲内で振幅レベルを分割し，標本化された信号列（標本点）に数値を割り当てる操作は，量子化とよばれる．図2.8は，量子化処理の原理を示しており，振幅方向の分割数（ステップ数）が多いほど，すなわち量子化時の分解能を高く設定するほど，元の振幅情報との誤差が小さくなる．この量子化処

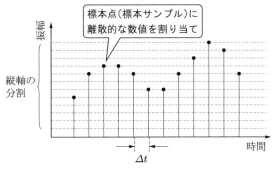

図 2.8 量子化処理

理において生じる誤差は,量子化誤差とよばれる.

(3) ステップ3:符号化

量子化で得られた離散データの振幅値をディジタル信号へ変換する処理が,符号化である.図 2.9 は,ディジタル信号を生成する符号化処理の原理を示しており,アナログ信号の標本値を2進数の符号列に変換する PCM(2.4.2 項参照)に対応する.このときの変換処理は,PCM 符号化という表現が用いられることもある.

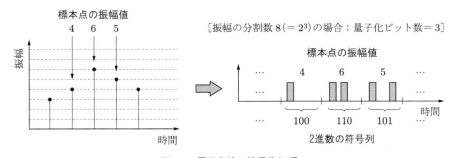

図 2.9 量子化後の符号化処理

この符号化を行う際のビット数は,量子化ビット数とよばれる.この値を増やすことで,量子化誤差は抑制され,より正確に元のアナログ信号を表現できる.すなわち,量子化ビット数の増加は,より高い品質のデータ生成につながる.量子化ビットが8ビット,12ビット,16ビットの例を考えると,縦軸振幅の分割数は,それぞれ $2^8 = 256$,$2^{12} = 4096$,$2^{16} = 65536$ となる.また,実際の通信サービスや商品に関する具体例を挙げると,固定電話の場合8ビット,音楽 CD の場合16ビットなどに設定されている.量子化ビット数については,対象とする情報信号の特性

や，要求される品質レベルなどに応じて決定される．

ただし，量子化ビット数の増加，すなわち転送する情報量の増加は，通信ネットワークの負荷の増加につながる．このため，対象とするアナログ信号の特性などを考慮して，情報圧縮する符号化方式が提案されている（3.2.1項参照）．

2.5.2 ■ 画像信号の変換

(1)　ステップ1：標本化

元の画像信号（アナログ量）からディジタル画像に変換する最初のステップが，標本化である．ディジタル画像を取得する際の標本化とは，空間的・時間的に連続した画像信号を，離散的な標本点（画素）の集合に変換する処理に対応する．

元の画像信号は，連続的に2次元平面上に分布しており，走査（scanning）とよばれる処理により，1次元方向に濃淡値（濃度値）あるいは輝度値が抽出される．このとき，図2.10に示すように，画像平面の上部位置より，水平方向の直線（走査線）に沿って走査する処理を，下方向に順次反復していく方法をとるのが一般的である．白黒画像などの濃淡画像（グレースケール画像）については，カラー情報を含まない濃淡値が抽出対象となる．カメラやセンサなどで読み込む画像の多くはカラー情報を含み，通常はR（red），G（green），B（blue）などの輝度値が抽出対象となる．

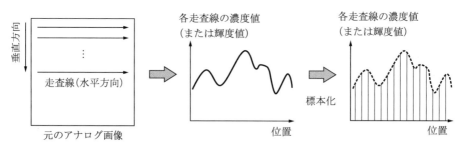

図2.10　画像の標本化処理

静止画像を対象とする標本化は，画面の水平方向と垂直方向の各走査を行い，空間分解能が決定される．一方，時間的に変化する動画像を扱う場合は，時間軸方向のプロセスも加わる．

標本点の間隔を狭く設定するほど，より精細な画像を表現することになる．このとき，2次元平面上における濃度変化または輝度変化の度合いが，画像信号の周波

数に対応する．画像信号がもつ最大周波数の 2 倍以上の周波数で標本化することで，シャノンの標本化定理が適用され，元の画像を再構築することが可能となる，1 次元の時系列信号に対する標本化定理は，時間軸上で変化する信号強度の変化の度合いを周波数としていた．しかし，画像信号を対象とする場合，空間的な位置（距離）方向の変化を対象とすることから，空間周波数という表現が用いられる．

(2) ステップ 2：量子化

標本化により離散的に抽出された画像情報（濃度値または輝度値）は，連続量となっている．この連続的な画像情報を離散化して数値化する処理が，量子化となる．時系列信号と同様に，量子化時の分割数（ステップ数）が多いほど，元の画像信号との誤差が小さくなる．つまり量子化は，画像信号の濃度値または輝度値の分解能を決定する．

たとえば 256（= 2^8）のレベルに分割された場合，8 ビット量子化という表現が用いられる．また，量子化レベル数が 2 のディジタル画像は，2 値画像とよばれる．なお，画像信号の場合，量子化レベルは必ずしも等間隔に設定されるわけではなく，振幅方向の分布度に応じて，対数化するなどの処理を行うケースもある．

画像信号の量子化処理の原理を図 2.11 に示す．この図において，ディジタル画像の画素（格子点）の位置 (i, j) に対して，量子化により得られた濃度値または

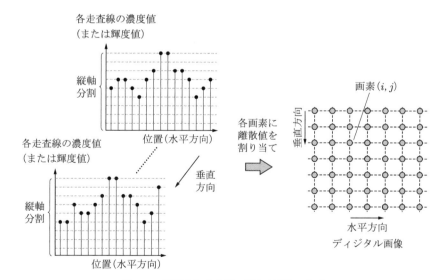

図 2.11 量子化によるディジタル画像の生成

輝度値が割り当てられる.

(3)　ステップ3：符号化

　以上のステップで得られた各画素位置の画像情報（濃度値または輝度値）を2進数で表現する処理が，符号化に相当する．このとき，各画素位置の画像情報の値をそのまま符号化する方式は，PCM（2.4.2項参照）に対応する.

　しかし，隣接する画素位置の画像情報は，一定の相関性をもっている場合が多い．このため，各画素の画像情報を独立して符号化するのではなく，隣接する画素間の相関性を活用して情報圧縮することが一般的である（3.2.2項参照）.

演習問題

2.1　音声・画像・テキストなどの情報信号を端末へ入力する際の出力信号の形式を整理せよ.

2.2　電話向けの音声信号を伝送する際に考慮されている周波数帯域を提示せよ.

2.3　通信回線別の情報信号の伝送処理の流れを説明せよ.

2.4　通信端末に入力する信号がアナログ信号である場合の伝送形式のパターンを提示せよ.

2.5　ディジタル信号を伝送する場合の伝送形式のパターンを提示せよ.

2.6　アナログ信号の変換（アナログ変調とパルス変調）の流れを説明せよ.

2.7　振幅変調（AM変調）と周波数変調（FM変調）を比較し，それぞれの長所と短所を説明せよ.

2.8　情報信号（時系列信号，画像信号）のディジタル符号変換の流れを説明せよ.

3 情報信号の伝送技術(2)：ディジタル伝送技術の基礎

　今日の通信ネットワークでは，音声や動画像などの情報信号をディジタル信号に変換して伝送するディジタル伝送方式が主流である．ディジタル伝送は，雑音耐性が高く，高速で高品質な伝送を実現できる点で優れており，情報信号や伝送路の種別などに応じて，情報信号の符号化，変調，多重化などの処理が施される．本章では，ディジタル通信における情報信号の符号化の枠組み，符号化方式および伝送方式，光ファイバ通信で用いられる光変調，無線通信における2次変調，情報信号の多重化方式について述べる．

3.1 ディジタル通信における情報信号の符号化の枠組み

　信号処理向けの演算処理装置（DSP：digital signal processor）の進歩とともに，音声や動画像などの情報信号をディジタル化して伝送するディジタル通信が現在の主流となっている．ディジタル伝送は，

(1) アナログ伝送に比較して，伝送過程で発生する歪みや雑音の影響を受けにくい
(2) 多重化処理が比較的容易であり，伝送路の効率化が可能となる
(3) 伝送誤りの検知・訂正およびセキュリティ対策なども適用しやすい

などの点でメリットがあり，今後とも大きな役割を果たしていくと考えられる．

　ディジタル通信で情報信号を伝送する際には，送受信の過程で発生する誤りを検出・訂正する符号の追加など，信頼性を高めるための加工が施される．このとき，元の情報信号（アナログ信号）からディジタル信号への変換処理は「情報源符号化」，伝送路に送信する際に必要なディジタル信号（情報源符号）の加工処理は「通信路符号化」とよばれる．図3.1は，入力された情報信号の変換処理の流れを示しており，利用する伝送路の種別や伝送距離に応じて，変調処理（1.2, 2.4節参照）が施される†．なお，この例では，情報源符号化と通信路符号化は，互いに独立した過

---

† 2.4.2項で解説したパルス符号変調（PCM）は，ディジタル符号化に対応させることができる．このため，ディジタル信号の符号化を変調処理の範疇で扱う解説書もみられる．

図 3.1　ディジタル通信における情報信号の処理の流れ

程として記載されているが，双方を一体的に処理する符号化方式も検討されている．

3.2 ディジタル通信における符号化方式

　元の情報信号（アナログ信号）は，標本化，量子化，符号化のステップを経て，ディジタル信号に変換される（2.5 節参照）．本節では，時系列信号および画像信号に関する符号化方式の特徴を整理するとともに，代表的な方式例を紹介する．

3.2.1 ■ 時系列信号の符号化方式

　公衆交換電話ネットワーク（8.1 節参照）は，当初，音声信号をアナログ電気信号に変換して伝送するアナログ型の通信ネットワークとして大きな役割を果たした．その後，音声信号をディジタル信号に変換して処理するディジタル通信技術が，急速な発展を遂げてきた．従来の公衆交換電話ネットワークでは，音声向け電話回線の伝送帯域幅を 300 Hz〜3.4 kHz と設定し，標本化周波数 = 8 kHz，量子化ビット数 = 8 の条件下で PCM 符号化している（ビットレートは 8 kHz × 8 bit = 64 kbit/s）．

　一方，1990 年代以降は移動体通信向けの携帯電話の普及に加えて，インターネットを介したオーディオ情報配信などの新たなサービスが提供されるようになった．ただし，携帯電話に割り当てられている電波帯域が限られており，インターネットについても多くの人が伝送路を共有するなどの制約が存在している．そうした背景を踏まえて，データ伝送時の通信品質を確保しながら，より低いビットレートで処理できる符号化方式の必要性が認識され，音声・オーディオ信号に含まれる冗長な成分を削減するさまざまな符号化方式が提案されてきた．

　音声・オーディオ信号の符号化方式の分類例を図 3.2 に示す．この図において，符号化方式は「波形符号化」，「分析合成符号化（スペクトル符号化)」，「ハイブリッド（融合型）符号化」などに大別される．

■波形符号化

　波形符号化は，時間領域と周波数領域のいずれかの冗長性を削除する方式に分けられる．時間領域型は，元の信号波形を比較的単純にディジタル信号に変換する

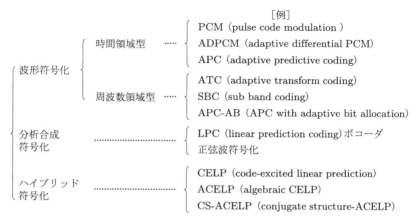

[例]

波形符号化
 時間領域型 ……
  PCM（pulse code modulation ）
  ADPCM（adaptive differential PCM）
  APC（adaptive predictive coding）
 周波数領域型 ……
  ATC（adaptive transform coding）
  SBC（sub band coding）
  APC-AB（APC with adaptive bit allocation）

分析合成
符号化 ……………………
  LPC（linear prediction coding）ボコーダ
  正弦波符号化

ハイブリッド
符号化 ……………………
  CELP（code-excited linear prediction）
  ACELP（algebraic CELP）
  CS-ACELP（conjugate structure-ACELP）

図 3.2　音声・オーディオ符号化方式の分類例

PCM に対して，信号波形間の相関性に着目して量子化幅を適応的に変化させる ADPCM（適応差分 PCM）や，対象信号をブロック単位で分析して圧縮する APC（適応予測符号化）などの方式が提案されている．一方，周波数領域型は，信号波形を周波数領域に変換して情報圧縮する方式をとる．具体例として，音声信号を帯域通過フィルターに通して，周波数領域において情報圧縮する SBC（サブバンド符号化），ブロック単位で信号波形を周波数領域に変換して適応的に量子化する ATC（適応変換符号化）などの方式が提案されている．波形符号化は，元の信号波形をできるだけ忠実に表現しようとする発想に基づいており，10 kbit/s 程度よりビットレートを下げると品質が急激に低下する．

■分析合成符号化

　分析合成符号化は，スペクトル符号化とよばれることもあり，音声の生成モデルに基づいて，音源情報（ピッチ，振幅など）を抽出して音声信号を再生（合成）する．線形予測モデルをベースとする LPC ボコーダのほかに，正弦波を重ねて音声信号をモデル化する正弦波符号化などの方式が提案されている．この方式は，数 kbit/s 程度の低いビットレートで符号化できるが，音源のモデル化による音声信号の不自然さや，背景雑音の影響を受けやすいなどの点で課題がある．

■ハイブリッド符号化

　ハイブリッド符号化は，波形符号化と分析合成符号化を融合した方式であり，両者の長所を組み合わせることで，比較的低いビットレート（数 k〜16 kbit/s 程度）

でも相対的に高い音声品質を実現できる．線形予測フィルターを声道モデルに適用した手法をベースとするCELP（符号励振線形予測）符号化，およびその拡張方式が広く普及している．

　これまで音声やオーディオ向けに広く利用されてきた符号化方式の例を，**表3.1**に示す．ここで，方式名称は，ITU-T，3GPP（Third Generation Partnership Project），ISOとIEC（International Electrotechnical Commission：国際電気標準会議）などにより取りまとめられた規格番号や検討グループ名に対応している．なお，この表において，標本化周波数8 kHz（カバーする周波数帯域の目標：300 Hz〜3.4 kHz）は電話音声符号化，標本化周波数16 kHz以上は広帯域音声符号化とよばれることもある．また，オーディオ信号（音響信号）を対象としている

表3.1　音声・オーディオ向け符号化方式例

名称	規格団体	要素技術	ビットレート[kbit/s]	標本化周波数[kHz]	用途／補足
G.711	ITU-T	対数圧伸PCM	64	8	公衆電話，IP音声
G.711.0	ITU-T	G.711，LLC	可変	8	IP音声／可逆符号
G.711.1	ITU-T	G.711，スケーラブル符号	64, 80, 96	8, 16	テレビ会議など
G.722	ITU-T	SB-ADPCM	48, 56, 64	16	テレビ会議など
G.723.1	ITU-T	ACELP/MP-MLQ	5.3/6.3	8	TV電話，IP音声など
G.726	ITU-T	ADPCM	16, 24, 32, 40	8	PHSなど
G.729	ITU-T	CS-ACELP	8	8	IP音声
G.729.1	ITU-T	G.729，スケーラブル符号	8, 12, 32ほか	8, 16	IP音声，オーディオほか
MPEG-4 CELP	ISO/IEC	CELPほか	3.85〜23.8	8, 16	IP音声，携帯電話，ディジタル放送ほか
MPEG-4 AAC	ISO/IEC	CELP, AACほか	96, 128, 144, 256ほか	22.05, 48, 96, 192ほか	音楽配信，携帯電話，ディジタル放送ほか
MPEG-4 ALS	ISO/IEC	CELP, ALSほか	128, 144, 448ほか	22.05, 48, 96, 192ほか	音楽配信，ディジタル放送，メディア編集ほか／可逆符号

［注］ MP-MLQ：multi pulse-maximum likelihood quantizer，LLC：lossless compression，
　　　AAC：advanced audio coding，ALS：audio lossless coding.

方式は，オーディオ符号化（音響符号化）とよばれ，標本化周波数が 48 kHz を超える領域をカバーするタイプが多い．これらの符号化方式は，情報源符号化方式に対応するが，とくにディジタル放送配信向けについては，データ伝送時のエラー耐性なども考慮して設計されている．

3.2.2 ■ 画像信号の符号化方式

　画像情報には，空間的・時間的に冗長な成分が多く含まれている．画像信号のデータ量は音声信号などに比較しても膨大であることから，情報通信やデータ蓄積に際して，冗長な成分を取り除き，情報圧縮する処理を施すことが一般的である．

　ここで，画像信号の冗長性の観点から，画像圧縮処理を行う際の符号化方式を分類した例を図 3.3 に示す．この図のように，画像信号の冗長性削減は，「画像の空間的・時間的な冗長性に着目する手法」と，「画像符号化時の符号生起確率に着目する手法」に大別される．前者の手法としては，「隣接する画素から対象画素の値を予測する同一フレーム内の画像予測符号化」，「時間軸方向で画素間の値を予測するフレーム間予測符号化」，「空間周波数領域で冗長成分を取り除く変換符号化」，「隣接した画素を一括して符号化するベクトル量子化」などがある．

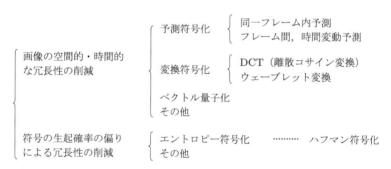

図 3.3　画像情報圧縮を行う画像符号化方式の分類例

　これまで情報通信や情報蓄積向けに広く利用されている具体的な符号化方式の例としては，表 3.2 のようになる．この表は，マルチメディア情報符号化として，ISO および IEC を主体として標準化された符号化方式に対応する．なお，方式名称欄の［　］内に記載された番号は，ITU-T による取りまとめ時の規格番号を示す．

　表において，画像の符号化は，JPEG 系列が静止画向け，MPEG（Moving Photographic Experts Group）系列が動画像向けに対応する．これらの画像符号

表3.2　代表的な画像符号化方式の特徴

名称	対象	ビットレート目安	用途	要素技術／補足
JPEG	静止画	—	ディジタルカメラ向けなど	DCT, 同一フレーム内予測符号化ほか
JPEG 2000	静止画	—	ディジタルカメラ向けなど	離散ウェーブレット変換ほか／JPEG 効率改善
MPEG-1 [H.261]	動画	上限 1.5 Mbit/s	蓄積メディア向け	DCT, フレーム内予測, フレーム間予測, ハフマン符号化ほか／MPEG 系列中の最初の符号化方式
MPEG-2 [H.262]	動画	3〜30 Mbit/s	ディジタル放送, 蓄積メディア向けなど	DCT, フレーム内予測, フレーム間予測, ハフマン符号化ほか／MPEG-1 の後継規格
MPEG-4 [H.263]	動画	10 k〜40 Mbit/s（当初の想定上限：数 Mbit/s）	インターネット映像配信, 携帯電話, 蓄積メディアなど	DCT, フレーム内予測, フレーム間予測, ハフマン符号化ほか／MPEG-2 より圧縮率や誤り耐性を改善
MPEG-4 AVC [H.264]	動画	10 k〜240 Mbit/s	情報通信, ディジタル放送, 蓄積メディア, 家電制御など	整数 DCT, フレーム内予測, フレーム間予測, コンテクスト適応可変長符号, コンテクスト適応算術符号ほか／MPEG-4 より圧縮率を改善
MPEG HEVC [H.265]	動画	128 k〜800 Mbit/s	情報通信, ディジタル放送（高精細含む）, 家電制御など	整数 DCT, フレーム内予測, フレーム間予測, コンテクスト適応算術符号ほか／MPEG-4 AVC より圧縮率を改善

化方式は，情報源符号化に対応し，情報通信や放送配信向けの利用を念頭に設計されている．とくに，MPEG-4 以降については，インターネットや移動体通信などでの利用を前提として，データ伝送時のエラー耐性が強化されている．

　MPEG 方式で用いられる画像フレームのブロック構造の例を，図 3.4 に示す．MPEG 方式は，空間圧縮と時間圧縮を行っており，GOP（Group of Picture）とよばれるブロック構造をもつ．このブロック構造は，I フレーム，P フレーム，B フレームの 3 種類から構成される．

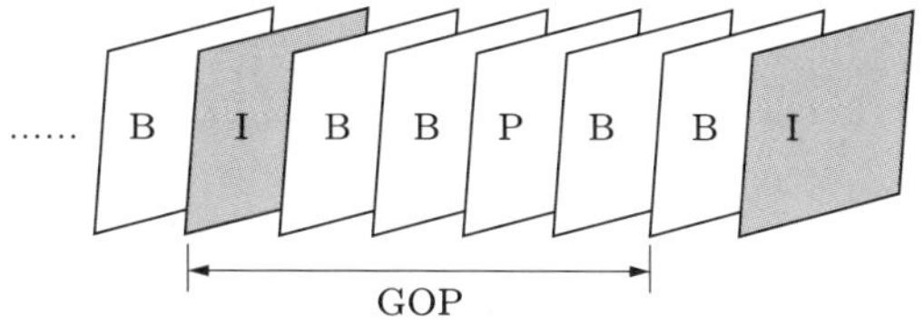

図 3.4　MPEG 方式における画像フレームのブロック構造

・I フレーム（Intra Picture）：基準となる画像フレームであり，DCT（discrete cosine transform：離散コサイン変換）などにより空間圧縮のみ行われる.

・P フレーム（Predictive Picture）：前フレームの I フレームまたは P フレームからの差分画像であり，時間軸順方向のみの予測を取り入れて画像圧縮を行う.

・B フレーム（Bidirectionally Predictive Picture）：前後フレームとの差異を利用した双方向予測的圧縮を採用し，I フレームよりも高い圧縮率を実現する.

3.3　ディジタル信号の伝送方式

ディジタル信号を伝送する方式は，ベースバンド伝送方式（基底バンド方式）と，変調処理（ディジタル変調処理）を適用する伝送方式に分けられる（2.3 節参照）. 後者はブロードバンド伝送ともよばれる.

以下では，各方式の特徴や方式例について述べる.

3.3.1 ■ ベースバンド伝送方式

ベースバンド伝送方式では，パルス信号列のディジタル信号形式のまま情報信号を伝送する. 有線ケーブルを介して情報伝送する場合に用いられる方式であり，おもに近距離間向けの利用を対象とする.

ディジタル通信では，0 と 1 からなる 2 進符号が利用され，その 1 桁がビットに対応している. ただし，有線ケーブルは，必ずしも理想的な特性をもっているわけではなく，0 と 1 を単純に振幅レベルの違いで表現すると，伝送過程で符号に歪みが生じる可能性がある. このため，有線ケーブルの特性などを考慮して，ディジタル信号の形状（符号パターン）を変えて伝送するケースが一般的である[†]. ベースバンド伝送時に用いるディジタル信号の形式は，伝送符号あるいは伝送路符号（line

---

[†]　ただし，元のディジタル信号列からほかの形状（符号パターン）に変換して伝送する処理を，ベースバンド伝送ではなく，ディジタル変調伝送の一種とみなすケースもある.

code）とよばれ，単位時間あたりの情報伝送量，受信側の同期処理（タイミング抽出），伝送路の特性（周波数特性，雑音特性など）といった要因を考慮して設計される．

　ここで，伝送路符号の代表的な例を図3.5に示す．図の縦軸は$-E \sim +E$の電圧範囲を示しており，横軸方向は「１０１１００」の符号パターンの送信例に対応する．

　各伝送路符号の特徴を，以下に示す．

・**RZ（return to zero）符号**：符号0を電位0，符号1を電位$+E$で表現する（単極符号）．この方式は，ビットとビットの間に電位0を挿入し，同期をとりやすい利点がある．なお，符号0に電位$-E$を割り当てる方式もある（両極符号）．

・**NRZ（non return to zero）符号**：符号0を電位0，符号1を電位$+E$で表現する（単極符号）．この方式では，ビットとビットの間に電位0を挿入せず，パルス幅を拡張することで（＝高調波成分が減少），RZ方式に比べて伝送帯域幅が少なくすむ利点がある．なお，符号0に電位$-E$を割り当てる方式もある（両極符号）．

・**AMI（alternate mark inversion）符号**：バイポーラ符号ともよばれ，符号0を電位0とし，符号1については極性を交互に換えて表現する．正負の符号が

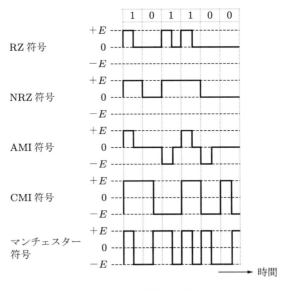

図3.5　伝送路符号の例

交互に現れることで，交流信号に近くなり，ノイズ耐性の改善につながる．ただし，符号 0 が連続する場合，タイミング情報を失う可能性がある．このため，符号 0 の連続を抑制する符号パターンを適用した複数の変形バイポーラ符号が提案されている．

・CMI（code mark inversion）符号：元のディジタル信号の 1 ビットを 2 ビット形式に変換してから伝送する方式をとる．符号 0 は「10」とし，符号 1 については「11」と「00」の交互で表現する．無信号区間がないため，同期がとりやすい利点がある．

・マンチェスター符号：CMI 符号と同様に，元のディジタル信号の 1 ビットを 2 ビット符号に変換して伝送する．符号 0 は「01」とし，符号 1 は「10」で表現する．CMI 符号と同様に無信号区間が存在しないが，1 ビットずれると 1 の連続信号が 0 の連続になる欠点もある．

3.3.2 ■ ブロードバンド伝送方式（ディジタル変調伝送）

パルス信号列の形式で情報信号を伝送するベースバンド伝送方式は，伝送損失が少ない低周波数帯を利用した近距離向けの情報伝送に適している．しかし，伝送路は必ずしも理想的な特性をもつわけではなく，伝送距離が相対的に長い場合には，パルス信号波形に歪みが生じる可能性がある．また，無線により情報信号を伝送する場合なども，同様にベースバンド伝送方式は適用できないため，変調処理を施す必要がある．

搬送波を用いてディジタル信号を伝送する方式は，ディジタル変調（搬送波ディジタル変調）とよばれる．このとき，ディジタル変調信号は，搬送波周波数を中心とした有限の帯域幅をもつ信号（帯域信号）となり，狭い帯域での信号伝送が可能となる．その結果，伝送過程での波形歪みを抑制できる．また，無線システムにおいては，多数のユーザが伝送路を共有する多元接続（4.1.6 項参照）も実現できる．

ディジタル変調は，搬送波の「振幅」，「周波数」，「位相」などを，送信するデータ信号列（0, 1）に対応する状態に変化させる操作（⇒ p. 51 Note 3.1）である．代表例として，「ディジタル振幅変調（振幅偏移変調，ASK：amplitude shift keying）」，「ディジタル周波数変調（周波数偏移変調，FSK：frequency shift keying）」，「ディジタル位相変調（位相偏移変調，PSK：phase shift keying）」，さらに，ASK と PSK を組み合わせた「ディジタル直交振幅変調（QAM：quadrature amplitude modulation）」などが挙げられる．

(1) ディジタル振幅変調（振幅偏移変調）

　図 3.6 に示すように，搬送波の振幅を変化させる方式は ASK とよばれる．また，ASK の中で，0, 1 の 2 値符号に対応させて一方の搬送波成分を 0 とする方式は，OOK（on-off keying）とよぶことがある．オンオフの回路制御は比較的容易であるが，0 符号が連続すると搬送波が途絶えてしまう点が課題となる．なお，こうした信号の消失問題へ対処する方式として，各符号に対して異なる長さの搬送波を割り当てるパルス幅変調（PWM, 2.4.2 項参照）が提案されているが，伝送効率が低下する点が課題となる．

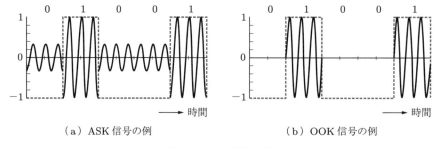

(a) ASK 信号の例　　　　　　　　(b) OOK 信号の例

図 3.6　ASK 信号の例

　ASK は，ETC（自動料金収受システム）などの無線システムで利用される．また，光ファイバ通信において，光のオンオフに符号を割り当てる変調などに OOK が用いられる．

(2) ディジタル周波数変調（周波数偏移変調）

　図 3.7(a) に示すように，搬送波の周波数を変化させる方式は FSK とよばれる．0, 1 の 2 値符号に対して，異なる 2 種類の周波数を割り当てる方式をとり，変調信号

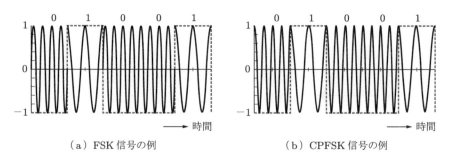

(a) FSK 信号の例　　　　　　　　(b) CPFSK 信号の例

図 3.7　FSK 信号の例

の振幅が一定となる．このため，雑音やフェージングなどの振幅変動に強い特徴をもつが，周波数が変化するため，広い周波数帯域を必要とする．なお，図(b)の例では，符号の変化点（周波数の境界位置）において，波形が途切れることなく，連続的に変化している．このように，符号の変化点で位相が連続する方式は，位相連続 FSK（CPFSK：continuous phase FSK）とよばれ，周波数の変化を抑制することで，変調信号の占有帯域幅を狭くできる．

FSK は，アナログ電話回線におけるモデムや，Bluetooth などで利用される．

(3) ディジタル位相変調（位相偏移変調）

図 3.8 に示すように，搬送波の位相成分を変化させる方式は，PSK とよばれる．2 値符号（0, 1）に対して 2 種類の位相（0, π）を割り当てる 2 相 PSK（BPSK：binary PSK），2 ビットの符号（00, 01, 10, 11）に対して $\pi/2$ ずつ離れた 4 種類の位相を割り当てる 4 相 PSK（QPSK：quadrature PSK），3 ビットの符号（000, 001, …, 111）に対して $\pi/4$ ずつ離れた 8 種類の位相を割り当てる 8 相 PSK などに分けられる．

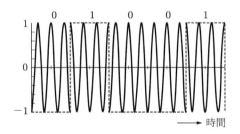

図 3.8　PSK 信号の例（2 相 PSK）

図 3.9 は，正弦波交流の位相関係を示す信号配置図（信号空間ダイアグラム）の例であり，横軸は同相成分（位相 0 と π），縦軸は直交成分（位相 $\pi/2$ と $3\pi/2$）に

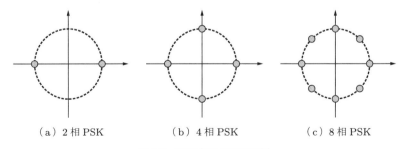

（a）2 相 PSK　　　（b）4 相 PSK　　　（c）8 相 PSK

図 3.9　PSK 信号の配置図例

対応する．この図より，多相化とともに，各信号点と原点をつなぐ線分の横軸からの角度（位相）が分割されていく様子が確認できる．PSK では，多相にするほど，より多くのディジタル信号を短時間に伝送することが可能となるが，位相の許容誤差には制限があるため，雑音の影響を受けやすくなる．

　PSK はアナログ電話回線のモデム，アマチュア無線，衛星ディジタル放送，移動体通信など幅広い分野で利用されている．

(4)　ディジタル直交振幅変調

　搬送波の振幅と位相の両方を変化させ，ディジタル信号を伝送する変調方式は QAM（quadrature amplitude modulation）とよばれる．QAM は，ASK と PSK を組み合わせた方式とみなせる．複数の振幅と位相角を用い，より多くの情報を同時に送信できるため，ASK や PSK に比べて伝送効率が大幅に改善される．

　QAM は，位相空間上に複数のシンボルを配置して表現され，いちどに伝送できる情報量によって次のように分類される．

- ・8QAM：8（= 2^3）値のシンボルを同時に伝送する．一つのシンボルには 3 ビットが割り当てられる（3 bit/symbol）．
- ・16QAM：16（= 2^4）値のシンボル（4 bit/symbol）を同時に伝送する．
- ・64QAM：64（= 2^6）値のシンボル（6 bit/symbol）を同時に伝送する．
- ・2^NQAM：2^N 値のシンボル（N bit/symbol）を同時に伝送する．

　図 3.10 は，8QAM と 16QAM の信号配置図（信号空間ダイアグラム）の例を示す．各信号点と原点との距離が振幅値，各信号点と原点をつなぐ線分の横軸からの角度が位相を表し，ともに複数の振幅と位相の組み合わせで表現されている．実用されている QAM では，信号点は必ずしも同心円状ではなく，格子状に配置され

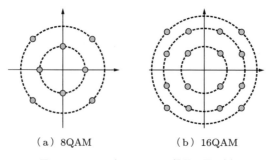

（a）8QAM　　　　　　（b）16QAM

図 3.10　8QAM と 16QAM の信号配置図例

ることが多い．信号点数を増やすほど，雑音などの影響を受けやすくなるため，信号空間配置の工夫や，誤り訂正と組み合わせた方式などが検討されている．

QAM は，アナログ電話回線のモデム，CATV（ケーブル TV），固定系無線システム（無線中継システムほか），光通信，移動体通信など幅広い分野で利用されている．

Note **3.1 ディジタル変調方式の表現**

各種のディジタル変調は，搬送波の振幅や位相を変化させて，ディジタル信号（パルス波形）を伝送する．いま，搬送波の振幅と周波数をそれぞれ A, f_c，送信対象のパルス波形を $g(t)$ とおくと，ディジタル変調による信号波形例は，

$$s(t) = Ag(t)\cos(2\pi f_c t + \theta(t)) \tag{3.1}$$

と表現される．ここで，$\theta(t)$ は，ディジタル信号の符号によって選択する位相を示す．

三角関数の加法定理を用いると，

$$
\begin{aligned}
s(t) &= Ag(t)\{\cos\theta(t)\cos(2\pi f_c t) - \sin\theta(t)\sin(2\pi f_c t)\} \\
&\equiv I(t)\cos(2\pi f_c t) - Q(t)\sin(2\pi f_c t)
\end{aligned}
\tag{3.2}
$$

と整理される．ここで，$I(t)$, $Q(t)$ は，それぞれ搬送波と同じ位相成分（同相成分：in-phase）と，直交する位相成分（直交成分：quadrature phase）に対応し，I 信号，Q 信号とよばれる．

式(3.2)は，位相が 90 度異なる二つの直交搬送波が変調され組み合わされると解釈できる．位相 $\theta(t)$ を変化させるディジタル変調方式（QPSK，QAM）については，しばしば IQ 平面（直交座標上）の点として送信データが表現される．実用上は，搬送波信号を生成する発振器の出力（$\cos(2\pi f_c t)$）と，位相を 90 度シフトさせた信号（$-\sin(2\pi f_c t)$）に，それぞれ I 信号と Q 信号を乗算して加算することで，信号 $s(t)$ が生成できる（図 n.3.1 参照）．

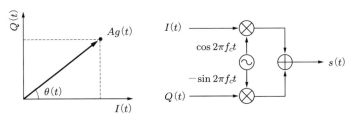

（a）IQ 平面上のプロット例 　　（b）変調信号の生成回路イメージ

図 n.3.1 ディジタル変調における I 信号と Q 信号の関係

3.4 光ファイバ通信で用いられる光変調

　光回線（光ファイバ）を用いる場合，PC などの通信端末から出力される電気信号は，E/O 変換器（電気‐光変換器）により，光信号（ディジタル信号の 0, 1 を光の点滅で表現）に変換されたあとに送信される．そして，光ファイバの中を伝搬した光信号は，受信側において，O/E 変換器（光‐電気変化器）により電気信号に変換される．光の伝送に際して，強度の変化によりディジタル信号を表す振幅変調 OOK（3.3.2 項参照）が多く用いられるが，この方式は光の強度変調（IM：intensity modulation）ともよばれる．このとき，光パルスの有無で 0 と 1 の 2 値を表現する NRZ 符号や RZ 符号の形式を用いることが多い．また，大容量伝送向けとして，QAM や QPSK などの多値変調，さらには，特定の周波数成分比が高いコヒーレンス光に変調を施すディジタルコヒーレント技術などが利用される．

　図 3.11 は，元の情報信号（電気信号）が光に変換されて，光ファイバ内に送信される流れを示している．このとき，E/O 変換器の光源として，半導体レーザや LED が利用される．図に示すような光源と変調器が分離するタイプは，外部変調型とよばれる．なお，伝送距離が 20 km 程度以下向けの E/O 変換器として，光源（半導体レーザ）そのものに電流を加えて出力強度を変化させ，光信号を出力する直接変調型が多く利用される．直接変調型は小型化できるメリットがあるが，半導体レーザの応答速度が高いわけではなく，超高速の光信号伝送にはあまり適していない．

　一方，受信側の O/E 変換器は，光検出器（フォトダイオード）と復調器から構成され，受信光の強度変化に応じた電気信号が出力される．

図 3.11　光ファイバを用いた電気信号と光信号の変換

3.5 無線通信における2次変調

電波を利用する無線通信では，外乱ノイズ耐性の改善，通信の秘匿性（セキュリティ）対策，および伝送路上の多重化を目的として，PSKやQAMなどで1次変調された信号が，さらに周波数拡散などの技術を用いて加工されて送信される．この処理は2次変調とよばれ（図3.12参照），無線LANや移動体通信で用いられる周波数分割多重（例：OFDM，3.6.2項参照）や，多重アクセス（あるいは多元接続，例：CDMA，OFDMA，4.1.6項参照）などが導入例として挙げられる．

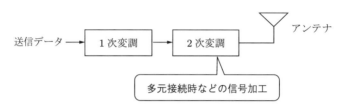

図3.12 無線通信における2次変調

本節では，CDMA（4.1.6項(4)参照）による移動体通信，無線LAN，Bluetoothなどで用いられるスペクトル拡散技術（あるいはスペクトラム拡散，SS：spread spectrum）について解説する．

スペクトル拡散技術は，ノイズ耐干渉性を増大させるために，送信信号の伝送帯域幅を拡大（拡散）して伝送する技術であり，「直接拡散方式（DSSS：direct sequence spread spectrum）」と「周波数ホッピング方式（FHSS：frequency hopping spread spectrum）」に分けられる．

(1) 直接拡散方式（DSSS方式）

DSSS方式は，1次変調した送信信号に，疑似ノイズ（PN：pseudo noise）符号とよばれる一見ランダムな拡散信号を掛け合わせて，信号電力の周波数帯域を広げる方式を指す．この処理により，元の1次変調信号が，PN符号の変調速度に応じた広い周波数幅に拡散される．受信側では，送信時に使用したPN符号を用いて逆変換し，変調前の信号を復元（復調）する．複数端末からの無線信号にそれぞれ異なるPN符号を適用することで，互いに干渉することなく，同じ周波数帯域を用いた無線通信が実現される（図3.13参照）．DSSS方式は，PN符号がわからなければ元の信号を復元できないため，セキュリティ（秘匿性）の点でも優れている．

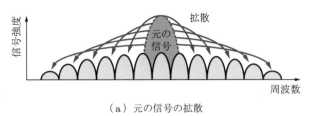

（a）元の信号の拡散

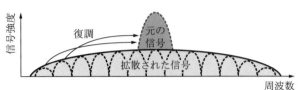

（b）元の信号への復調

図 3.13　直接拡散方式（DSSS）

(2)　周波数ホッピング方式（FHSS 方式）

　FHSS 方式は，ある範囲の周波数帯域の中から，通信に使用する搬送波の周波数をきわめて短い時間ごとに高速に切り替えながら通信する方式に対応する（図 3.14 参照）．幅広い周波数帯域の中から，拡散符号に基づくホッピングパターン（移動パターン）に従って周波数を選択し，時間を基準として平均化すると拡散された信号となり，その処理を第三者が高速で追尾することは不可能に近い．受信側では，周波数の切り替わりのパターンを事前に知っておくことで，それぞれの周波数帯の信号を適切に受信して，元の信号を復元することができる．

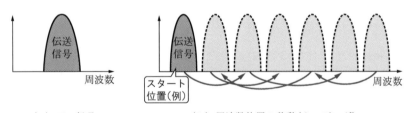

（a）元の信号　　　　　　　（b）周波数位置の移動(ホッピング)

図 3.14　周波数ホッピング方式（FHSS）

3.6　情報信号の多重化方式

　複数の情報信号を一つの伝送路（通信回線）にまとめて同時に伝送する処理を，多重化（multiplexing）という．多重化技術は，アクセスネットワークや中継系ネッ

トワークにおいて，複数の利用者が伝送路を共有して効率化するための手段として活用される．伝送路を物理的または論理的に分割した通信路の最小単位はチャンネル（channel）とよばれ，多重化されるチャンネル数が多重度に対応する．受信側において，多重化された複数の情報信号から元の個別の情報信号に戻す処理は，多重分離または逆多重化（demultiplexing）とよばれる．また，多重化装置と分離装置（逆多重化装置）は，それぞれマルチプレクサ（multiplexer），デマルチプレクサ（demultiplexer）とよばれる．なお，無線通信において，複数の無線端末や無線局が同時に電波帯域を共有して通信を行う際の多重アクセスは，多元接続または多元アクセス（4.1.6 項参照）とよばれる．

　ここで，多重化方式の分類例を図 3.15 に示す．多重化方式は，「時間領域」，「周波数領域」，「符号化領域」，「空間領域」などの観点により分類できる．

```
時間領域：    時分割多重  ……………… TDM（time division multiplex）
                       ┌ 時間位置多重（time positioned multiplex）
                       └ ラベル多重（label positioned multiplex）　など

周波数領域：┌ 周波数分割多重  ………… FDM（frequency division multiplex）
            └ 波長分割多重  ………… WDM（wavelength division multiplex）

符号化領域：   符号分割多重  ………… CDM（code division multiplex）

空間領域：    空間分割多重  ………… SDM（space division multiplex）
```

図 3.15　多重化方式の分類例

3.6.1 ■ 時分割多重

　複数チャンネルの情報信号を同じ伝送路上へ送信する多重化方式は，時分割多重（TDM：time division multiplexing）とよばれる．図 3.16 は，時分割多重の処理の流れを示している．送信側では多重化装置を用いて複数チャンネルを多重化し，

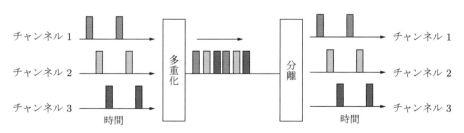

図 3.16　時分割多重

受信側では分離装置により各チャンネル単位に分離処理される．ここで，時分割多重は，時間軸上の位置によりチャンネルを判定する「時間位置多重」と，宛先情報を付与した情報単位（パケット，セルなど）で多重化する「ラベル多重」の方式に大別される．

(1)　時間位置多重

　時間位置多重（time positioned multiplex）は，ビット列の中に周期的なフレームを設定し，各ユーザからの入力チャンネルをフレーム中に格納する．各フレームは時間軸上の情報単位であり，各チャンネルはフレーム中の特定の時間位置（タイムスロット）に割り振られる．図 3.17 は，時間位置多重におけるフレームとタイムスロットの関係例を示す．複数のフレーム位置を判別するための同期信号（フレーム識別ビット）が挿入され，フレームの境界を識別する際に利用される．受信側では時間位置情報を用いて，多重化されたチャンネルを分離する．なお，時間位置多重は，通信ネットワーク内の共通の発信器で同期をとりながら情報信号を多重化する同期多重と，同期をとらない非同期多重に分けられる．後者の例としては，クロック周波数が異なる信号を多重化する際に，余分なパルス列（スタッフパルス）を挿入してパルス位置を調整する，スタッフ多重方式がある．

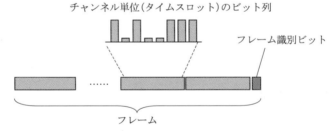

図 3.17　時間位置多重におけるフレームとタイムスロットの関係例

　時間位置多重の代表例としては，ディジタル回線交換が挙げられる（4.2.1 項参照）．従来の日本の公衆交換電話ネットワークでは，音声信号は 8 ビットで符号化され，電話 1 チャンネルあたりの伝送速度は 64 kbit/s となる．ここで，64 kbit/s は多重化前の信号（0 次群）に対応し，計 24 チャンネル分を多重化した 1.544 Mbit/s は 1 次群のフレーム単位として扱われる．このとき，24 チャンネルの単位（フレーム）は，フレーム識別ビットを考慮して，$8 \times 24 + 1 = 193$ ビット長となり，フレーム長は 125 µs（= 193 bit ÷ 1.544 Mbit/s）となる．

(2) ラベル多重

ラベル多重（label positioned multiplex）は，元の情報信号をあるビット長のブロック（パケット，セルなど）に分割し，宛先情報（送信先）を記載したラベルを付与して多重化する．図 3.18 は，ラベル多重における元の情報信号の分割例を示す．元の情報信号が複数のブロックに分割され，宛先などの情報を格納するパートはヘッダ（header），分割した情報（データ）を格納するパートはペイロード（payload）とよばれる．なお，情報の送信単位（ブロック）は，IP ネットワークの場合は IP パケット（または IP データグラム），ATM ネットワークの場合はセルとよばれる（4.2.2 項参照）．このとき，受信側では，ラベルに記載されている情報に基づいて，元の情報信号を再構成する処理を行う．

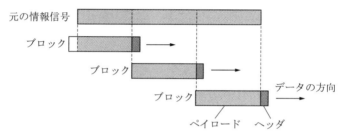

図 3.18　ラベル多重における情報信号の分割例

公衆交換電話ネットワークで用いられる時間位置多重では，情報信号の有無にかかわらず一定の速度で処理される．しかし，データ通信などのように，異なる伝送速度の情報信号（音声，映像など）が流れるケースでは，伝送効率が低下する可能性がある．そこで，情報の発生に応じて，元の情報信号を一定のブロック単位に分割し，通信速度が異なる通信端末間の相互接続を可能にする蓄積交換向けの仕様として，ラベル多重が提案された．

3.6.2 ■ 周波数分割多重

異なる情報信号をそれぞれ別の周波数帯域に変調して多重化する方式は，周波数分割多重（FDM：frequency domain multiplexing）とよばれる．搬送波を複数の周波数帯域に分割して，異なるチャンネルを割り当てる方式であり，テレビやラジオなどのアナログ放送分野での応用が代表例となる．図 3.19 は，FDM による周波数軸上での元の信号（いずれも周波数帯域幅 f_b）の多重化の原理を示す．周波数間隔がずれた搬送波周波数（中心周波数 f_{ci}, $i = 1, 2, ..., k$）を各信号で変調すると，

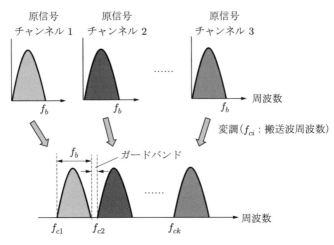

図3.19　周波数分割多重の原理

周波数 $f_{ci} + f_b$ の信号が得られる（⇒ p. 29 **Note** 2.1）．このとき，隣接するチャンネルの搬送波との間隔が f_b より大きくなるように設定する方法により，周波数軸上で異なる信号を多重化することができる．なお，FDM では，各信号の周波数スペクトルが重なると混信が発生するため，周波数軸上においてある程度の周波数間隔（または保護帯域，ガードバンド）を設ける必要がある．

　一方，広帯域のディジタル無線・放送分野では，FDM の原理をベースとする直交周波数分割多重方式（OFDM：orthogonal frequency division multiplexing）が広く普及している．OFDM では，スペクトルが重なるところまで各信号の周波数間隔を狭く配置する．使用する周波数帯域が重なっても，重なり合う搬送波（サブキャリア）どうしが互いに干渉しないように直交させる．つまり各サブキャリアの中心周波数の位置でほかのサブキャリアの信号強度が 0 になるよう調整していれば，受信時に各信号を分離・復調することが可能となる．ここで，直交とは，それぞれのサブキャリア関係が合成・分離できる数学的性質を意味している（⇒ p. 61 **Note** 3.2）．図3.20 は，五つのサブキャリアを用いた OFDM の例を示している．この例では，各サブキャリアの中心周波数の位置でほかのサブキャリアの信号強度が 0 になっており，五つのサブキャリアを容易に識別することができる．

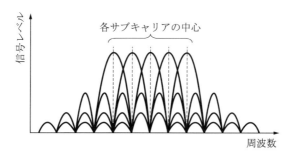

図 3.20　OFDM の多重化

3.6.3 ■ 波長分割多重

　光ファイバを利用する光通信に際して，異なる波長を用いて情報信号を多重化して伝送する方式は，波長分割多重（WDM：wavelength division multiplexing）とよばれ（4.3.2 項参照），周波数分割多重の派生方式の一つとみなすことができる．WDM を実現する光ネットワークの基本構成例を図 3.21 に示す．送信側には，異なる波長（搬送波長）の光を出力する複数の送信器（半導体レーザ，LED）を用意し，変調処理を施したあとに合成して，光ファイバ内に入力する．このとき，伝送距離が長い場合は，伝送過程で増幅器を用いて光信号を適宜増幅する．受信側では，光分波器により波長ごとに分離して受信器（光検出器，復調器）へ出力することで，波長の数に応じた情報信号の同時伝送が可能となる．WDM では，波長の異なる信号は干渉しないという特性を活用し，大容量伝送を実現できる．

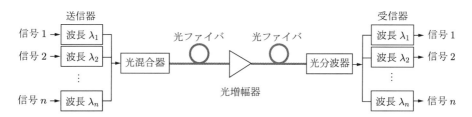

図 3.21　波長分割多重を実現する光ネットワークの基本構成例

　WDM は利用する波長の数に応じて伝送容量を増加させることができるが，そのためには，一定の波長帯を狭い波長間隔に分割する必要がある．しかし，波長間隔を狭くする場合，波長分離する部品のコストが上昇するという課題がある．そこで，運用コストや適用領域を考慮し，粗密度波長分割多重（CWDM：coarse wavelength division multiplexing）と，高密度波長分割多重（DWDM：dense wavelength division multiplexing）の2種類の方式が定義されている．前者は，波長間隔が相対的に広い規格であり，最大16波長を多重化し，50〜80 km程度の伝送距離に使用される．後者は，最大で1000波以上の波長を多重化することができ，CWDMに比較して伝送容量を大幅に増やすことが可能となる．

3.6.4 ■ 符号分割多重

　同一の周波数帯域内において，個別の情報信号ごとに異なる符号（コード）のパターンを割り当てて多重化する方式は，符号分割多重（CDM：code division multiplexing）とよばれる．スペクトル拡散（3.5項参照）の原理を用いており，個別のユーザに割り当てた符号により識別し，さまざまな伝送速度の情報信号を容易に多重化できる．

　この方式の適用例としては，限られた無線電波の周波数帯を複数の通信主体（無線端末，無線基地局）で共有して利用する多元接続（多重アクセス，多元アクセス）が挙げられる（4.1.6項参照）．また，光ファイバ通信に際して，チャンネルごとに異なる特有の符号を割り当てる光符号分割多重（OCDM：optical code division multiplexing）とよばれる方式も，符号分割多重の一つとして位置づけられる（4.3.2項参照）．OCDMは，チャンネルごとに異なる光符号パターンを生成して送信し，受信側において送信側と同じ符号パターンを用いて分離・復号化する．異なる光符号パターンを各ユーザに割り当てる方法により，複数ユーザ（複数のチャンネル）が同一の波長の光信号を利用できる．

3.6.5 ■ 空間分割多重

　空間分割多重（SDM：space division multiplexing）とは，伝送路の空間的な自由度を利用し，限られた空間内に複数のチャンネルを多重化する方式である．光ファイバを伝送媒体とした光ネットワークへの導入が代表例であり，「複数の伝搬モード（コア内での光の伝搬パターン）をもつマルチモードファイバ（MMF）を用いて多重化する方式」，「複数の光通過路（コア）をもつマルチコアファイバ（MCF）により多重化する方式」，「複数の光ファイバなどを並列させて多重化する方式」などが挙げられる（1.5.1項参照）．なお，マルチモードファイバを用いて多重化する方式は，モード分割多重（MDM：mode division multiplexing）ともよばれる．

　また，無線LANなどで用いられるMIMO（multi input multi output）とよばれる伝送方式も，空間多重の一つとして位置づけられる．MIMOは，同一周波数

帯域において複数の送信アンテナと受信アンテナを用いる方法により，伝送効率を向上できる．このとき，送受信側の複数のアンテナは，少しずつ距離を離して設置され，通信開始前にあらかじめ各アンテナ間での伝搬応答特性を求めておく．MIMOでは，各送信アンテナより異なる信号（データ）を同時に送信し，受信アンテナが取得した信号から干渉を除去しながら，事前に把握した伝搬応答特性を用いて，各送信アンテナからの信号を分離する．なお，この方式は，一つのユーザを対象とするSU-MIMO（single-user MIMO）と，おもに複数ユーザ向けのMU-MIMO（multi-user MIMO）に分けられる．

そのほかに，同一周波数帯を用いて複数の電波を同時に送信できる新たな空間多重技術として，電磁波の軌道角運動量（OAM：orbital angular momentum）を活用したOAM多重伝送方式などの手法も提案されている．

> **Note** 3.2 **OFDM の直交性**
>
> 時間区間 T（シンボル長）の中に整数倍の周期が含まれる信号（正弦波）を仮定する．シンボル長 T の中に n 個の周期が含まれる場合，信号の周波数スペクトルは $f_n = n/T$（$n = 1, 2, ...$）で最大となる．また，周期 n と周期 $n + 1$ の各信号の周波数スペクトルのピーク値の間隔は $1/T$ で与えられる．
>
> OFDMでは，周波数 f_n（$n = 1, 2, ...$）の正弦波をサブキャリアとして利用する（ただし，実際の伝送処理において，サブキャリアの中心周波数は必ずしも f_n と設定されない）．隣接するサブキャリアに対応する信号の時間波形を $s_n(t)$, $s_{n+1}(t)$ とおくと，次式のように表現できる．
>
> $$s_n(t) = I_n \cos(2\pi f_n t) - Q_n \sin(2\pi f_n t) \tag{3.3}$$
> $$s_{n+1}(t) = I_{n+1} \cos(2\pi f_{n+1} t) - Q_{n+1} \sin(2\pi f_{n+1} t) \tag{3.4}$$
>
> ここで，I_n, Q_n は，それぞれ信号 $s_n(t)$ の同相成分，直交成分であり，信号 $s_{n+1}(t)$ についても同様である（⇒ p. 51 **Note** 3.1）．
>
> 信号周期 T の区間で，信号 $s_n(t)$, $s_{n+1}(t)$ の内積を計算すると，
>
> $$\begin{aligned} \int_0^T s_n(t) s_{n+1}(t)\, dt &= I_n I_{n+1} \int_0^T \cos(2\pi f_n t) \cos(2\pi f_{n+1} t)\, dt \\ &\quad - I_n Q_{n+1} \int_0^T \cos(2\pi f_n t) \sin(2\pi f_{n+1} t)\, dt \\ &\quad - I_{n+1} Q_n \int_0^T \sin(2\pi f_n t) \cos(2\pi f_{n+1} t)\, dt \\ &\quad + Q_n Q_{n+1} \int_0^T \sin(2\pi f_n t) \sin(2\pi f_{n+1} t)\, dt \end{aligned} \tag{3.5}$$
>
> となる．

ここで，上式（3.5）の第1項の積分は，

$$\int_0^T \cos(2\pi f_n t)\cos(2\pi f_{n+1} t)\,dt$$

$$= \frac{1}{2}\int_0^T \cos\{2\pi(f_n + f_{n+1})t\}\,dt + \frac{1}{2}\int_0^T \cos\{2\pi(f_n - f_{n+1})t\}\,dt$$

$$= \frac{1}{2}\int_0^T \cos\left\{2\pi\left(\frac{2n+1}{T}\right)t\right\}dt + \frac{1}{2}\int_0^T \cos\left\{2\pi\left(\frac{1}{T}\right)t\right\}dt$$

$$= 0$$

となる．同様に，第2～4項はすべて0となり，内積が0となることから，隣接するサブキャリア間の関係は数学的に直交することを意味する．

演習問題

3.1　音声・オーディオ信号の符号化方式の分類例を提示せよ．

3.2　IP電話で用いられる音声信号の符号化方式（規格番号）の具体例を提示せよ．

3.3　静止画および動画の符号化方式の具体例を提示せよ．

3.4　MPEG画像符号化におけるGOP（Group of Picture）の概念を説明せよ．

3.5　ディジタル信号のベースバンド伝送で用いられる伝送路符号の例と特徴を提示せよ．

3.6　ディジタル信号のブロードバンド伝送で用いられる変調方式の例と特徴を提示せよ．

3.7　ディジタル信号のブロードバンド伝送に際して，変調処理を適用する理由を説明せよ．

3.8　無線通信における2次変調の方式例と特徴を提示せよ．

3.9　情報信号の多重化方式の分類例と，それぞれの特徴を整理せよ．

3.10　日本の公衆交換電話ネットワークで用いられる時間位置多重において，1次群のフレーム長が125 µsとなる理由を説明せよ．

3.11　情報伝送において，多重化が用いられる理由を説明せよ．

通信ネットワークの要素技術

　不特定多数のユーザ（利用者）が利用する公衆交換電話ネットワークなどの大規模ネットワークの情報伝達階層は，アクセスネットワークとコアネットワークより構成される．アクセスネットワークは，ユーザ端末（またはユーザ側の私設ネットワーク）を収容する中短距離のネットワークを指す．コアネットワークは，アクセスネットワーク間をつなぐ大容量の基幹ネットワークに対応し，伝送路の接続技術や中継伝送が重要な役割を果たす．本章では，不特定多数のユーザが利用する大規模ネットワークの構成要素であるアクセスネットワーク技術とコアネットワーク技術（伝送路接続，中継伝送）について解説する．

4.1　アクセスネットワーク技術

　アクセスネットワークは，ユーザ端末（またはユーザ側の私設ネットワーク）と電気通信事業者側に設置された通信機器（アクセスノード）をつなぐネットワークである．この伝送路はアクセス回線（アクセスリンク）とよばれ，有線（ケーブル）と無線に大別される（1.5 節参照）．

　ここで，アクセスネットワークの接続形態例を図 4.1 に示す．この図が示すように，アクセス回線は「電話回線（アナログ，ディジタル）」，「ADSL/xDSL 回線」，

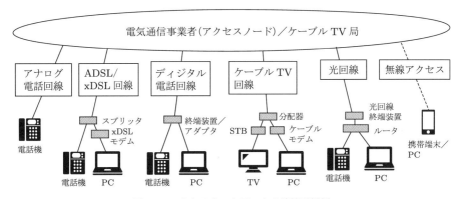

図 4.1　アクセスネットワークの接続形態例

「ケーブル TV 回線」,「光回線」,「無線アクセス」などに分類できる[†]. 以下では, それぞれのアクセス形態ごとのサービス機能や特徴などについて述べる.

4.1.1 ■■ 加入電話アナログ回線

　加入者（電話回線の契約者）側に設置された電話機と, 電気通信事業者側（局内）のアクセスノード（電話交換機）をつなぐ電話回線は, 1 対 1 で接続され, アナログ回線とディジタル回線に分けられる. 従来の固定電話機はアナログ型が一般的であり, 平衡対ケーブル（ツイストペアケーブル, 1.5 節参照）が広く利用されてきた. 平衡対ケーブルは, 伝送距離, 伝送容量, 電磁干渉耐性などの点で課題があるが, アナログ音声信号向けの 300 Hz～3.4 kHz 帯をカバーし, 5～7 km 程度までの距離に対して, 相対的に低コストで利用できる.

　国内の公衆交換電話ネットワークが IP ネットワークへ移行されたあとに, 加入者がアナログ電話回線を継続して利用する場合は, 電気通信事業者側において, アナログ音声信号が IP パケットへ変換される（6.2, 6.3, 7.3 節参照）.

4.1.2 ■■ ADSL/xDSL 回線

　ADSL 回線（Asymmetric Digital Subscriber Line：非対称ディジタル加入者線）は, アナログ電話機向け電話回線の平衡対ケーブルを用いて, 高速ディジタル信号を伝送する方式として提案された. 加入者から局方向（上り）と逆方向（下り）とで伝送速度は非対称となり, 下り方向のデータ量が大きいアプリケーションに適している. アナログ音声信号とディジタル信号を一つの通信回線で同時に伝送する方式をとるため, ADSL では, 音声信号向け周波数帯域外を利用して, ディジタル信号を伝送する.

　ここで, ADSL をアクセス回線とするときの基本接続構成および周波数の利用帯域を, 図 4.2 および図 4.3 に示す. この例では, 加入者宅および局内に設置されたスプリッタとよばれる装置により, 音声信号とディジタル信号が分離・混合される. スプリッタは周波数フィルタに対応し, 音声信号とディジタル信号は, それぞれ 4 kHz 以下と 32 kHz 以上の周波数帯を用いて伝送される. これにより, 加入者

[†]　国内では, NTT の公衆交換電話ネットワーク（8.1 節参照）が IP ネットワーク（次世代ネットワーク, 8.2 節参照）へ 2024 年 1 月に移行することが決定した. こうした通信環境の変化を踏まえて, アナログ電話回線を用いる ADSL（非対称ディジタル加入者線）回線や, ディジタル通信向けの ISDN 回線の廃止が決定した（ADSL 回線：2024 年 3 月, ISDN 回線：2024 年 1 月）.

図 4.2　ADSL アクセス時の基本接続構成

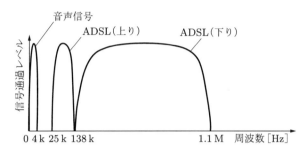

図 4.3　ADSL 回線の周波数の帯域利用

側の電話機からの音声信号は，アナログ電話回線を経由して電話交換機へ送られる．一方，加入者の PC から出力されるディジタル信号は，ADSL モデムにより変調処理が施され，アナログ電話回線を経由して，局内の ADSL 装置により復調されたあとに IP ネットワークへ送られる．

ADSL の基本規格として，以下の 2 種類が存在する．

・ADSL フル規格（ITU–T 勧告 G.992.1）：上り伝送速度 32～640 kbit/s，下り伝送速度 64 k～8 Mbit/s，最長距離 6 km

・ADSL 低速規格（ITU–T 勧告 G.992.2）：上り伝送速度 32～512 kbit/s，下り伝送速度 64 k～1.5 Mbit/s，最長距離 5 km

ただし，伝送距離が長くなると，ADSL 回線上の信号減衰や歪みの影響が大きくなる．また，外部雑音の影響などもあるため，実際の伝送速度は保証されない．

ADSL を含む，アナログ電話回線を用いて高速データ通信を行う方式を xDSL（x Digital Subscriber Line：ディジタル加入者信号）という．ADSL 以外の xDSL 方式としては，以下のような例が挙げられる．

・VDSL（Very high-bit-rate DSL）：1 対の電話回線を用いて，数百 m 程度の距離において，下り方向で最高 50～100 Mbit/s，上り方向で数十 Mbit/s 程

度の伝送速度を実現する．ただし，信号の減衰率が大きく，伝送距離が 1 km 程度より長い場合は，ADSL のほうが高速になる．

・SDSL（Symmetric DSL）：1 対の電話回線を用いて，最長数 km までの距離において上り・下り方向ともに 160 k～2 Mbit/s 程度の伝送速度を実現する．

・HDSL（High-bit-rate DSL）：2 対の電話回線を用いて，最長で 20 km 程度の伝送距離に対応することを目的とした SDSL 方式の改良版である．

なお，メタルアクセス回線（より対線，同軸ケーブル）を用いた高速データ通信向けの規格として，G.fast が ITU-T において標準化されている（ITU-T 勧告 G.9700/G.9701，2014 年ほか）．G.fast は，100～200 m 程度内の短距離向けに限定される規格であり，上りと下りを合わせた伝送速度の目標値は，1 Gbit/s（= 1000 Mbit/s）または 2 Gbit/s となる（伝送帯域は最大 106～212 MHz）．さらに，マルチギガビット超高速通信向けの規格として，G.fast と互換性がある MG.fast（上りと下りを合わせた伝送速度の目標値は 5～8 Gbit/s）という規格が存在する（ITU-T G.9711，2021 年ほか）．

4.1.3 ■ ISDN 回線

ISDN（Integrated Services Digital Network：サービス総合ディジタル網）は，音声・データ・画像などの多様な情報信号を，一つの通信回線で伝送する方式として提案された．1980 年代までは，音声通信向けの電話回線とデータ回線は分けて設置する必要があり，設置コストなどの点でも制約があった．その後，ディジタル通信技術の台頭とともに，高度情報ネットワークを実現する技術として ISDN 技術が考案され，国内では 1988 年に実用化された．1990 年代には，インターネットの普及とともに契約数が増加していったが，2000 年代に入ると，アナログ電話回線を用いて高速データ通信が可能な ADSL や，家庭向けの光回線の普及とともに契約数は減少に転じ，NTT の ISDN 回線・ディジタル通信モードのサービス提供が中止されることが決定した．

ここで，ISDN 回線の基本接続構成例を図 4.4 に示す．この例では，加入者向け宅内終端装置の DSU（digital service unit）に電話機，FAX，PC が接続されている．ディジタル電話回線となっているため，アナログ電話機を利用する場合には，変換アダプタ（TA：terminal adapter）を用いて，アナログからディジタル信号に変換する必要がある．加入者からの情報信号は，局内に設置された回線終端装置

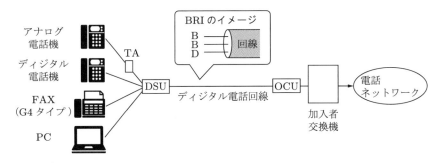

図 4.4　ISDN 回線の基本接続構成例

（OCU：office channel unit）を介して加入者交換機へ送られたあと，音声信号，データ信号，制御信号に振り分けられる.

　ISDN は，伝送速度が 1.5 Mbit/s までの N-ISDN（Narrowband-ISDN：狭帯域 ISDN）と，1.5 Mbit/s 以上の B-ISDN（Broadband-ISDN：広帯域 ISDN）に区分される. また，ISDN で利用される回線種別は，アナログ電話回線（平衡対ケーブル）を利用する BRI（Basic Rate Interface：基本インターフェース）と，企業向けなどに光ファイバ回線を敷設して利用する PRI（Primary Rate Interface：1次群インターフェース）に分けられる. BRI では，音声またはデータ用の二つの B チャンネル（64 kbit/s）と，接続・開放などの呼制御用 D チャンネル（16 kbit/s）の組み合わせが単位となる（2B + D と表現される）. PRI の場合，23 個の B チャンネルと D チャンネル（23B + D と表現される）ほかの組み合わせが単位となる. 複数の B チャンネルはそれぞれ独立し，通話とインターネット接続などを同時に行うことができる.

4.1.4 ■ ケーブル TV 回線

　ケーブル TV 回線は，ユーザ宅とケーブル TV 局間を，同軸ケーブルや光回線を用いて接続する（1.5 節参照）. ケーブル TV は当初，TV 放送用サービスの提供を目的として開始したが，1990 年代以降，インターネット接続用ケーブルモデムの登場に伴い，双方向の通信が可能となった.

　ここで，ケーブル TV 回線の基本接続構成例を図 4.5 に示す. 加入者側には STB（set top box：セットトップボックス）とよばれる装置が置かれ，各種の TV 放送信号を一般のテレビで視聴可能な信号に変換する. また，加入者側の PC から出力されるディジタル信号は，ケーブルモデムにより変調処理が施され，ケーブル局内

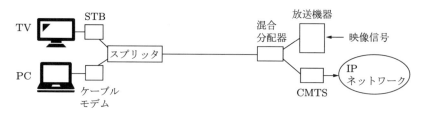

図4.5 ケーブル TV 回線アクセス時の基本接続構成例

の CMTS（cable modem termination system：ケーブルモデム終端装置）により復調されたあとに，IP ネットワークへ送られる．なお，加入者側のスプリッタに接続されたアダプタを介して電話サービスを提供するケースも多くみられる．

　ケーブルモデムを用いたインターネット接続の代表的な仕様として，DOCSIS（Data Over Cable Service Interface Specification）が挙げられる．DOCSIS は 1997 年に最初の標準仕様が規格化され，QAM や QPSK などの変調方式（3.3.2 項参照）が採用されている．ADSL 回線と同様に，加入者からケーブル局方向（上り）と逆方向（下り）の伝送速度は非対称となる．また，上りと下り方向に対して，信号を伝送する際に利用される周波数帯も異なる．

4.1.5 光回線

　光ファイバケーブルを用いた光回線（1.5.1 項(3)参照）は，ISDN や ADSL などに比較して，圧倒的に速い伝送速度を実現できる．光ファイバケーブルの技術進歩や社会的ニーズなどの背景を踏まえて，光ファイバケーブルを一般家庭まで敷設する FTTH（Fiber To The Home），マンションやオフィスビルなどの建物まで敷設する FTTB（Fiber To The Building）などの光回線サービスが，2000 年代後半以降に普及していった．

　加入者と電気通信事業者を光回線でつなぐ基本接続構成例を図4.6 に示す．この図において，加入者向けの光回線終端装置である ONU（optical network unit）と，局側の光回線終端装置である OLT（optical line unit）は，電気信号（ディジタル信号）と光信号の変換処理を行い，ルータ（5.6.5 項参照）や HGW（home gateway）などの通信機器に接続される．光回線アクセス（光アクセス）のネットワーク構成は，「ONU と OLT をそれぞれ 1 対 1 接続する PP 方式（またはシングルスター（SS）方式」と，「光回線の途中で光スプリッタ（受動素子）を挿入する PON 方式

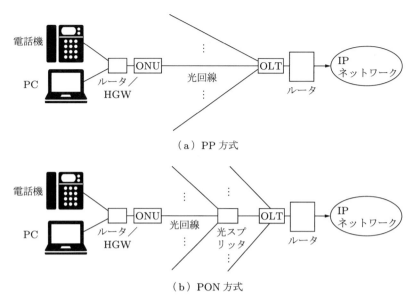

図 4.6　光回線の基本接続構成例

（または PDS 方式）」に大別される[†].

- **PP 方式**：光回線を特定の加入者が占有するため，利用可能な伝送帯域が大きく，セキュリティ対策上の点からもメリットがある．しかし，加入者ごとに光ファイバを敷設する必要があるため，コストが割高となる．
- **PON 方式**：光回線を複数の加入者が共有し，コストが抑制されることから，現在のアクセスネットワークで広く導入されている．

　なお，その他の方式として，局内からスター状に光回線を分岐させ，その途中に多重装置などの能動素子を挿入した後に再度スター状に分岐させる ADS（Active Double Star）方式なども存在する．

　PON 方式において，OLT から加入者向け（下り）への光信号は光スプリッタで分配され，ONU に送信される．各 ONU は，受信した光信号を電気信号に変換し，自分宛の情報信号であれば取り込む．このとき，波長分割多重（WDM）を採用する PON 方式の場合，波長フィルタによって選択受信する処理なども行われる．一方，ONU から局側 OLT（上り）への光信号は，光スプリッタによって多重化される．

---

†　PP : Point to Point, SS : Single Star, PON : Passive Optical Network, PDS : Passive Double Star.

上り信号どうしの衝突を回避する手段として，各 ONU は OLT からの制御信号に基づいて，異なる時間スロットで時分割多元接続（TDMA：time division multiple access）を行う．1芯の光ファイバで，下り方向信号と上り方向信号を同時に送受信して双方向通信を行う際には，時間圧縮多重（TCM：time compression multiplexing）とよばれる方式も利用される．TCM はピンポン伝送ともよばれ，上り通信と下り通信を行う時間が重ならないように制御する方式に対応するが，現状では伝送効率の関係上，WDM を使うのが一般的となっている．

　PON 方式には，

・STM 技術（4.2.1，4.3.3 項参照）をベースとする STM-PON
・ATM 技術（4.2.2 項(3)参照）をベースとする B-PON（Broadband PON）

表 4.1　PON 方式の分類例

名称	伝送フレーム	最大速度	最長距離	最大分岐	備考
STM-PON	STM	下り：10 Mbit/s	20 km	32	国内商用開始 1997 年（現在提供なし）
B-PON	ATM	上り：155/622 Mbit/s 下り：155/622 Mbit/s，1.244 Gbit/s	20 km	32	国内商用開始 2002 年（専用線 1999 年）
G-PON	GEM/ATM	上り：155/622 Mbit/s，1.244 Gbit/s, 2.488 Gbit/s 下り：1.244/2.488 Gbit/s	10/20 km（理論値60 km）	254	国内商用開始 2013 年
G-EPON	イーサネット	上り：1.25 Gbit/s 下り：1.25 Gbit/s	10/20 km	32	国内商用開始 2004 年
10G-EPON		上り：1/10 Gbit/s 下り：10 Gbit/s	20 km	64	―
XG-PON（NG-PON）	XGEM/XGTC	上り：2.5/10 Gbit/s 下り：10 Gbit/s	20 kmほか	64	国内商用開始 2015 年
XGS-PON		上り：10 Gbit/s 下り：10 Gbit/s	20 km	64	国内商用開始 2019 年
NG-PON2		上り：40 Gbit/s 下り：40 Gbit/s	40 km	256	―
50G-EPON	イーサネット	上り：10, 25, 50 Gbit/s 下り：50 Gbit/s	20 km	32	無線基地局向けなど

［注］　XGEM：XG-PON Encapsulation Method，XGTC：XG-PON Transmission Convergence

- イーサネット（Ethernet, 5.3項参照）やTDMなど複数方式のデータをGEM（G-PON Encapsulation Mode）とよばれる方式でカプセル化するG-PON（Gigabit-capable PON）
- イーサネット技術をベースとするG-EPON（Gigabit Ethernet PON），10G-EPON（10 Gigabit Ethernet PON），50G-EPON（50 Gigabit Ethernet PON）
- G-PONを拡張したXG-PON（10 Gigabit-capable PON），XGS-PON（10 Gigabit-capable symmetric PON），NG-PON2（Next Generation PON2）

などが存在する．これらの概要を表4.1に示す．

4.1.6 ▪ 無線アクセス

　無線通信で用いることができる周波数帯はあらかじめ決められており（表1.3参照），複数の無線端末で効率的に共同利用する技術が求められる．このように電波帯域を共有して通信を行う際の多重アクセスは，多元接続または多元アクセス（multiple access）とよばれる．

　多元接続は，3.6節で示した情報信号の多重化技術をベースとして，時間領域，周波数領域，符号化方式，空間方式などの観点から表4.2のように分類される．図4.7に，SDMAを除く各方式の多重化のイメージを示す．

　なお，双方向型通信では，通常二つのチャンネルが必要となる．各無線端末から無線基地局方向は上りチャンネル，逆方向は下りチャンネルに対応し，上下回線を

表4.2　多元接続方式の分類

領域分類	方式分類	用途や方式例
時間領域	時分割多元接続（TDMA：time division multiple access）	衛星通信，第2世代移動体通信，PHS
周波数領域	周波数分割多元接続（FDMA：frequency division multiple access）	第1世代移動体通信
	直交周波数分割多元接続（OFDMA：orthogonal frequency division multiple access）	Wi-Fi，第3.9，4，5世代移動体通信
符号領域	符号分割多元接続（CDMA：code division multiple access）	第2，3世代移動体通信，光ファイバアクセス方式
空間領域	空間分割多元接続（SDMA：space division multiple access）	衛星通信，無線LAN

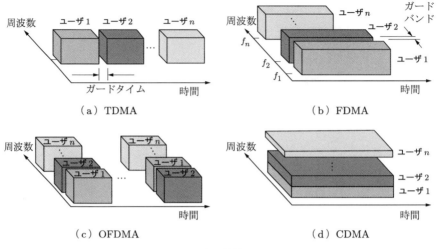

図 4.7　多元接続の処理

実現する方式はデュープレックス（duplex）技術とよばれる．デュープレックス技術は，「上りチャンネルと下りチャンネルを周波数により分離する FDD（frequency division duplex：周波数分割デュープレックス）方式」や，「同一周波数において時間領域で上下回線を分離する TDD（time division duplex：時分割デュープレックス）方式」などに分けられる．

(1)　時分割多元接続（TDMA）

　TDMA は，通信に使用するキャリアの時間軸を複数に分割し，異なる時間（タイムスロット）を複数の利用者（無線端末）に割り当てる方式をとる．キャリアの時間軸を分割する多重方式であるため，タイムスロットの位置ずれを抑制するために，各タイムスロット間にはタイムインターバル（ガードタイム）を挿入する．時間軸を分割するだけではなく，異なる周波数帯に振り分けることで，チャンネル数を大幅に増やすことができる．また，TDMA はディジタル変調に適合した方式であり，FDMA に比べて送受信機数を少なくできることが特長となる．

　TDMA の導入例としては，衛星通信が挙げられる．衛星通信では，割り当てられた固有の周波数帯域において，一定の時間周期の単位（フレーム）に分割された信号が送信され，受信側では分割された時間位置を識別して信号が取り出される．分割単位（フレーム）の先頭には，時間位置を認識する同期処理として，特殊なシンボル・文字列（復調用シンボル）が置かれる．そのほか，移動体通信ネットワー

クでは PHS や第 2 世代向けの規格に利用されていた（8.3.1 項参照）.

（2）　周波数分割多元接続（FDMA）

　FDMA は，周波数分割多重化（FDM, 3.6.2 項参照）に対応する．電波の周波数帯を複数に分割して無線端末に割り当てる方式であり，送信側および受信側に正確な周波数発振器が必要となる．FDMA は技術的に比較的容易に実装可能であるが，相互干渉を避けるためのガードバンドが必要であり，伝送効率は TDMA や CDMA に比べると低い．また，フェージング現象などへの耐性が低く，高速データ通信には向いていない.

　FDMA は，初期の通信衛星や携帯電話に導入されていた.

（3）　直交周波数分割多元接続（OFDMA）

　OFDMA は，OFDM（3.6.2 項参照）と同様の原理で，周波数軸上の隣り合うキャリアどうしの位相を互いに直交させて周波数帯域の一部を重ね合わせ，高密度な周波数分割を行う方式である．これにより，周波数の利用効率を向上させる．OFDM では，ある瞬間においてすべてのサブキャリアが 1 台の無線端末との通信に使われるのに対し，OFDMA では，同時アクセスする各端末にサブキャリアを割り当てる．このとき，サブキャリアの使用権をミリ秒単位のきわめて短い時間ごとに分割して，もっとも伝送効率のよいものを選択する．これにより，各無線端末はより効率的なサブキャリアを利用でき，伝送効率も大幅に改善される.

　OFDMA の導入例としては，無線 LAN（5.5 節参照）や，第 3.9 世代以降の移動体通信（8.3.1 項参照）が挙げられる．OFDMA は伝送効率が高く，雑音耐性も高いことから，有効な無線アクセス方式として活用されている.

（4）　符号分割多元接続（CDMA）

　CDMA は，符号分割多重（CDM, 3.6.4 項参照）の技術をベースとし，複数の無線端末ごとに異なるコード（符号，ビットパターン）を利用する．このとき，数学的に互いに直交する符号をそれぞれの通信主体に割り当て，自らが送りたいデータに拡散符号（スペクトル拡散符号）を掛け合わせて送出する．複数の送信端末が同じ時刻に同じ周波数で送信するため，受信端末には複数の混在した信号が届くが，これに個々の送信側の符号を用いて逆演算を施す方法により，元の送信情報を取り出すことができる．TDMA や FDMA のように，時間軸や周波数軸を分割する必要がないため，効率的に伝送路を共用できる．CDMA 方式の利用に際しては，ス

ペクトル拡散（3.5 節参照）の原理が用いられる．

CDMA の導入例としては，GPS（Global Positioning System）衛星や，第 3 世代の移動体通信（8.3.1 項参照）が挙げられる．フェージング現象への耐性も高く，秘話性に優れる点が長所といえるが，一定エリア内の加入者数が増加した場合には，電波干渉が発生する点が制約となる．

(5)　空間分割多元接続（SDMA）

SDMA は，空間分割多重（SDM，3.6.5 項参照）に対応し，複数のアンテナアレイを並べて，電波の伝搬応答特性の違いを用いて異なる無線端末からの信号を分離する．多重度がアンテナの本数に制約されるが，どの無線端末もその周波数を独占できるため，TDMA や FDMA などと比較した際に，周波数の利用効率はきわめて高くなる．

SDMA の導入例としては，通信衛星から強い指向性を有する複数のアンテナによって電波を送信し，地球上の複数の特定地域に対して接続回線を増加させる例を挙げることができる．また，無線 LAN などで用いられる MIMO（3.6.5 項参照）とよばれる伝送方式も，空間多重の一つとして位置づけられる．

4.2　コアネットワーク技術(1)：伝送路接続（交換方式）

多数の通信端末を収容する通信ネットワークにおいて，任意の 2 点間に伝送路（通信経路）を設定して通信を実現する技術は，交換（switching）とよばれる．交換機能をもつ通信装置が，交換機（switch）や交換ノードに対応する．通信端末数を N として，すべての通信端末が絶えず接続できるメッシュ型の通信ネットワークを仮定すると，通信端末間をつなぐ通信経路数は，${}_N C_2 = N(N-1)/2$ 本となる．しかし，こうしたすべての通信端末どうしを接続するネットワーク構成では，加入者数の増加とともに必要となるリンク数も大幅に増加する．必ずしも全端末が同時に通信を行うわけではなく，メッシュ型の構成は現実的とはいえない．そのため，通信の要求に応じて，伝送路を切り替えて通信端末どうしを接続する仕組みとして，交換方式が検討された．

ここで，交換方式の分類例を図 4.8 に示す．この図が示すように，交換方式は「回線交換（circuit switching）」と「蓄積交換（store and forward switching）」に大別される．回線交換は，送信端末からの通信要求を受けて，送受信間（end-to-end：エンドエンド間）において，物理的または論理的な伝送路を設定する．回線交換で

図 4.8 交換方式の分類例

は，通信が終了するまでの間，設定した通信回線を占有して通信を行う．一方，蓄積交換では，送受信端末間での通信回線は占有されず，交換機メモリ内に情報信号をいったん蓄積してから転送する処理を行う．ここで，蓄積交換は，「パケット交換（packet switching）」，「フレームリレー（frame relay）」，「ATM 交換（asynchronous transfer mode switching）」などの方式に分類される．なお，回線交換と蓄積交換における情報信号の多重化に際して，それぞれ時間位置多重やラベル多重が用いられている（3.6.1 項参照）．

　ところで，図 4.8 は電気信号の形式で情報信号を交換処理する際の分類例を示している．一方，光回線の利用に際して，情報信号を光信号のままで処理する光交換（⇒ p. 82 Note 4.1）が，次世代向けの交換方式として期待されている．

4.2.1 回線交換

　回線交換は，通信の開始から終了までの間，送受信端末間で伝送路が占有される方式である．通信開始時に送受信端末間で制御信号のやりとりを行って伝送路を確保し，通信終了後に確保した伝送路を開放する手順をとるコネクション型通信に分類される．確保した伝送路は他ユーザに共有されないため，通信品質が保証され，音声通話のような実時間性の高い利用形態に向いている．回線交換方式の代表的な導入例として，公衆交換電話ネットワーク（8.1 節参照）が挙げられる．ここで，送信端末あるいはユーザからの通信開始要求は呼とよばれ，単位時間の呼量や，回線設備の不足により生じた呼損率などの条件をもとに，適切な通信回線設備が設計される（⇒ p. 83 Note 4.2）．

　回線交換を電子的に実現する交換機として，当初は，電磁リレーやマトリックス状に配置したスイッチ群（Cross Bar Switch：クロスバスイッチ）を配列した空間分割型が利用されていた（国内では 1950 年代に導入）．クロスバスイッチでは，スイッチ群の縦方向と横方向を指定する接続要求によって節点が閉じることで，回線が接続される．図 4.9 に，この原理を用いたクロスバ交換機の経路接続の仕組み

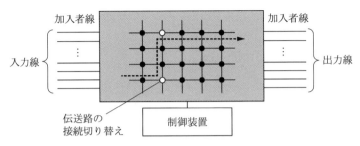

図 4.9　クロスバ交換機の経路接続の仕組み

を示す．縦方向と横方向の節点を選択していく方法により，入力側と出力側の接続
経路が確立される．なお，クロスバ交換機は機械駆動部分が多く，保守稼働に手間
を要し，対応可能な処理数にも制限があった．そのため，小型のクロスバスイッチ
や，スイッチ素子を用いた電子交換機（アナログ電子交換機）が，国内外で導入さ
れることになった（国内では 1970 年代より導入開始）．電子交換機では，効率化
したプログラム制御により，交換処理が大幅に改善された．

　その後，ディジタル技術の進歩とともに，時間スイッチや空間スイッチを取り入
れたディジタル交換機が主流となっていく（国内では 1980 年代に運用開始）．

　時間スイッチとは，時分割多重化された情報信号を一時的に内部メモリに蓄えて，
時間位置（タイムスロット）を入れ替える交換処理である．図 4.10 は，ディジタ
ル交換機の時間スイッチ処理の流れを示しており，複数ユーザ（チャンネル）から
の情報信号が，入力線から共通路（ハイウェイ）を経由して，出力線へ多重分離し
て割り振られることで，クロスバスイッチと同じはたらきをすることがわかる．こ

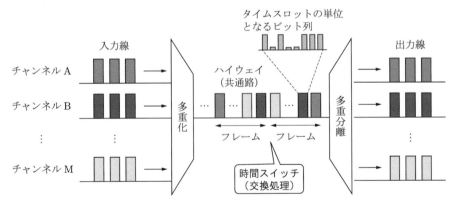

図 4.10　ディジタル交換機の時間スイッチ処理

の図において，一つのタイムスロットは各チャンネルの情報信号列に対応し，それらを束ねた情報の単位はフレームとよばれる（日本と北米の例では，24チャンネルが1フレーム内に収容される）．フレームの境界には同期信号が付加され，情報信号列の多重と分離に使用される．各チャンネルは，タイムスロットの時間位置で識別される（3.6.1項参照）．

　時間スイッチは，データメモリとアドレス制御メモリから構成される．時間スイッチに入力した各チャンネルの情報信号列は，タイムスロット情報に基づいて，データメモリに順次書き込まれていく．そして，タイムスロット情報を参照しながら，データメモリから各チャンネルの情報信号列が割り振られて出力される．ディジタル交換機では，ユーザからの通信要求を受け付ける際に出力タイムスロットを割り当て，入力される情報はアドレス制御メモリ内に記憶される．アドレス制御メモリの制御方式は，「データメモリへの情報信号の書き込み時に指示する方式」と，「データメモリからの読み出し時に指示する方式」の二つに分けられる．いずれの場合も，各チャンネルのタイムスロット情報に基づいて交換処理を行うことで，通信開始時に設定された接続経路が保持される．いったん占有されたタイムスロットは，伝送路が開放されるまで，ほかの利用者は使用できない．このため，回線交換の通信品質は保証されるが，ネットワーク全体からみたときの通信回線の利用効率は，後述する蓄積交換に比較して低くなる．

　一方，空間スイッチとは，スイッチの開閉タイミング調整により，入力される情報信号を時間位置ごとに別の出力回線に振り分ける交換処理に対応する．大規模なディジタル交換システムの場合，多数の入出力チャンネルの交換処理を行う必要があり，時間スイッチだけでは十分に対応できないことから，空間スイッチを適宜組み合わせる方式をとる．

　回線交換は，前述したように，確保した通信回線はほかの利用者に共有されないことから，音声通話などの実時間型アプリケーションに向いている．しかし，通信速度が固定されるため，データ通信のようなバースト的（間欠的）に発生する情報の伝送には適していない．なお，ディジタル回線交換は，ネットワーク全体が一つのクロックに同期する同期多重（synchronous multiplexing）に対応し，同期転送モード（STM：synchronous transfer mode）とよばれる．

4.2.2 蓄積交換

　送受信端末間に固定的な経路を設定せず，元の情報信号を一定のブロック単位に分割し，途中の交換機内のメモリにいったん蓄積しながら転送処理を繰り返していく方式が，蓄積交換である（図4.11参照）．蓄積交換では通信速度などが異なる端末相互間の通信が可能となり，回線交換に比較して，通信サービスの利用形態が広がる．また，一つの通信端末から複数の通信端末へ同時に情報信号を伝送できる点や，中継回線を複数のユーザが共有してネットワークの運用コストを低減できる点などのメリットを有する．以下では，蓄積交換の例として，パケット交換，フレームリレー，ATM交換について解説する．

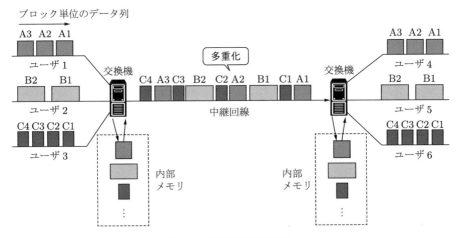

図4.11　蓄積交換の処理例

（1）　パケット交換

　パケット交換の概念は1960年代に米国で考案され，1970年代以降にARPANET（6.1節参照）の構想を起点に発展した．こうしたプロジェクトと平行しながら，パケット交換ネットワークにコンピュータを接続する際のインターフェースを規定するX.25プロトコルなどが，CCITT（現ITU-T）により規格化された．とくに1990年代以降，インターネットの普及とともに，IP技術をベースとするパケット交換が蓄積交換方式の主流となっている．

　パケット交換では，元の情報信号は分割され，パケットとよばれる可変長のブロック単位で伝送される．ここで，パケットはヘッダ，トレーラ，ペイロードにより構成される．ヘッダとトレーラには，それぞれ，パケットを送信する際に必要な制御

情報や，情報（データ）の破損などを検査する値が格納される．ペイロードは，ヘッダなどの付加的情報を除いたデータ本体を指し（3.6.1，6.3.1項参照），その長さはペイロード長とよばれる．パケットは，パケット交換機内のメモリにいったん蓄積され，ヘッダに記載された宛先情報とパケット交換機内のルーティングテーブル（経路情報）を参照して，転送経路が確定する（6.5節参照）．複数ユーザからのパケットは，伝送路上で多重化されるため，回線交換と比較して，通信ネットワークの運用コストが抑制できる．

　なお，通信ネットワーク上のパケットの転送経路は完全に固定化されるわけではなく，その空き具合などに応じて選択される（**図4.12**参照）．したがって，通信障害などによって，パケットの一部が伝送できなくなった場合でも，ほかの転送経路に切り替えることができる柔軟性をもつ．一方，パケット交換機内でのパケットの蓄積・転送処理やネットワーク負荷の影響などにより，受信端末へのパケット到着時間にばらつきが生じるケースがある．したがって，ネットワーク負荷が大きいケースなどでは，音声通話などのリアルタイム系アプリケーションに支障を与える可能性がある．

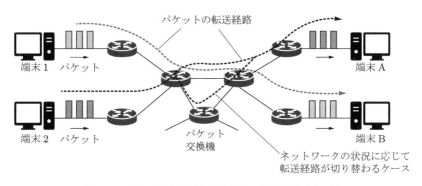

図4.12　パケット交換におけるパケットの転送イメージ

　コンピュータなどの通信端末からの情報信号をパケットに変換（あるいは逆変換）する装置・機能は，PAD（packet assembly disassembly）とよばれる．また，IPネットワークにおいて用いられるルータやスイッチは，パケット交換機に対応する．

　パケット交換については，仮想的な回線を設定するバーチャルサーキット方式と，仮想回線を設定しないデータグラム方式に分けられる．各方式の概要を**表4.3**に示す．

表 4.3 パケット交換方式の分類

名称	概要	補足
バーチャルサーキット方式	通信開始時に仮想的な回線を設定したあとにデータ転送を開始するため，コネクション型ともよばれる．物理的な回線ではなく，論理的な回線であり，パケットのヘッダに記載された仮想回線識別子に従って，データが送信される．順序制御や再送制御なども実行され，通信品質はある程度保証される．IP ネットワークでは，TCP がパケット転送時に利用される（6.2，6.3 節参照）．	パケット交換方式において，相手先をあらかじめ指定し，永続的に確立された仮想回線はPVC（permanent virtual circuit）とよばれる．
データグラム方式	通信を行う際に回線設定を実行しないコネクションレス型に対応する．送信されるパケットを中継する交換機が，動的に転送経路を選択する．パケットの順序制御や再送制御などは実行されず，また，パケットが異なる経路を経由して転送されるケースがあるため，通信品質が劣化する可能性がある．IP ネットワークでは，UDP がパケット転送時に利用される（6.2，6.3 節参照）．	「データグラム」は，1970 年代に「データ」と「テレグラム」を組み合わせて作られた用語とされる．

(2) フレームリレー

1980 年代ごろまでの通信では，メタルケーブルを用いたアクセス回線が主流であり，伝送品質が必ずしも安定していなかった．そのため，データ通信に際して，誤り制御が可能な X.25 プロトコルを用いていた．しかし，光ファイバの利用やデバイスの改善により，より簡素化された方式でも十分に伝送品質を維持することが可能となった．フレームリレーは，OSI 参照モデルにおける第 2 層（データリンク層）で動作し，X.25 がもつ誤り制御などの手順が大幅に簡素化されたパケット交換である．

フレームリレーでは，元の情報信号をフレームとよばれるブロック単位に分割し，仮想回線方式で転送する．ヘッダのアドレス部には，回線識別用のデータリンクコネクション識別子（DLCI：data link connection identifier）が付与され，物理回線上に論理的な回線が設定される．フレームの順序制御や誤り制御などを省略することで，X.25 より高性能な回線を安価に提供できるようになった．国内では，フレームリレーを用いた法人向けデータ通信サービスが1994 年に開始したが，IP 技術の進展とともにニーズが減少し，2011 年に終了することになった．

(3) ATM 交換

ATM 交換（非同期転送モード交換）は，従来の回線交換とパケット交換の長所

を組み合わせた回線方式である．音声，映像，データなどの多様な情報信号に対応する通信ネットワークの構築を目的として，1980年代に提案された．まず，従来の回線交換方式では，1チャンネルあたりの最大通信速度が一定であり，通信速度の異なる多様なメディアを扱う場合には向いていない．一方，パケット交換方式は，情報の発生に応じて可変長パケットを送出するため，任意の通信速度に対応できるが，1980年代当時はソフトウェアを用いた通信機器の処理性能が低く，データ転送時の伝送遅延が大きいなどの課題があった．

　ATM交換の処理の流れを図4.13に示す．ATM交換では，情報信号はセルとよばれる53バイト長（ヘッダ長5バイト，ペイロード長48バイト）の単位で，ハードウェア処理により伝送され，伝送路上で多重化される．可変長のパケットに比較して，セルは固定長でかつ短い長さに設定されているため，高速化に適しており，音声通話などの際に遅延時間やそのゆらぎ（ジッタ）を抑制できる．セルを単位としていることから，セル交換ともよばれる．回線交換のようなネットワーク全体での同期を必要としない非同期転送モードであることが，ATMの語源でもある．

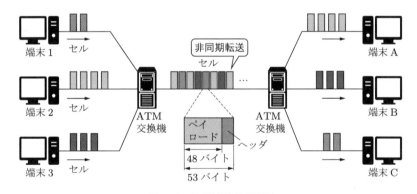

図4.13　ATM交換の処理例

　ATM交換では，情報の発生に応じて，固定長のセルを多重化して送信することで，多様な通信速度のサービスに対応できる．セルのヘッダには，転送先を識別する際の仮想識別子（VPI：virtual path identifier）と仮想チャンネル識別子（VCI：virtual channel identifier）が記載され，伝送路内は仮想的なパスとチャンネルが割り当てられる．ユーザ端末は通信ごとに仮想チャンネル（VC）のコネクションを設定し，ATMセルの送受信を行う．仮想パス（VP）は，品質種別や伝送路が同じ複数のVCを束ねた単位に相当する．セルのヘッダには，データ送信時の優

先情報などが記載される.

　このとき,ATM のサービス種別として AAL(ATM Adaptation Layer)が規定される.AAL1 は,コネクション型で音声や映像などを扱い,送信トラヒックは固定速度となる規格である.AAL2 は,コネクション型で低速の音声などを扱い,送信トラヒックは可変速度となる規格である.AAL3/4 は,当初の AAL3 と AAL4 が統合されたコネクションレス型のデータ通信向けであり,送信トラヒックは固定速度の規格である.AAL5 はコネクションレス型で,データ通信などを ATM 上で多重化するために準備されたサービス種別に相当する.また,トラヒック種別として,固定速度の CBR(constant bit rate),情報量に応じて速度が変化する VBR(variable bit rate),帯域の余裕度に応じて伝送量を調整する ABR(available bit rate),帯域が空いている場合のみ送信できる UBR(unspecified bit rate)などが規定される.

　ATM 交換方式は,1990 年代半ばには次世代高速通信向けとして期待された.しかし,その後の IP プロトコルをベースとするインターネットの普及により,ATM 交換は主流とはならず,国内サービスの利用においても限定的なものに留まることになった.ATM 交換で用いられるセル長は,遅延に敏感な音声信号のサポートに重点が置かれて,当初は 53 バイトという短い値に設定された.しかし,大容量のデータを送信する場合には,ペイロードが短く伝送効率が抑制されるという点が課題となった.一方で,ATM 交換方式の検討に際して,ユーザ端末とネットワーク間での呼受付制御やコネクション受付制御などの有益なアイデアが提唱され,その後の通信ネットワークの発展に寄与したと考えられる(7.5.1 項(3)参照).

Note　4.1　光交換方式について

　波長分割多重(WDM)などを導入した光ネットワークでは,光ファイバを介して情報信号が伝送される.一方,ルータなどの通信機器は,光ファイバから送られる信号形式(光信号)のままでは,経路選択する際に必要な宛先情報を確認できない.このため,光ファイバを介して伝送される光信号は,通信機器内において,①光-電気信号変換,②ヘッダ内の宛先情報の確認と経路制御,③光-電気信号への再変換という流れを経たあとに,光ファイバに送信される.このように,通常の通信機器内において「光-電気変換」と「電気-光変換」を繰り返す必要があることから,伝送速度や消費電力の点で効率的とはいえない.

　こうした課題に対処する次世代向け光交換技術として,以下のような方式が提案されている.

■光パス交換，光波長ルーティング（optical wave length routing）

　伝送経路ごとに異なる波長の割り当てを行い，光信号を振り分ける光スイッチ方式であり，データ送信に際して経路パス（光パス）が設定される．なお，この方式では，光信号の経路を多く設定する必要があるため，数多くの光源を用意する点などが課題となる．

■光バースト交換（OBS：optical burst switching）

　経路制御を行う通信機器間に光波長を動的に割り当て，経路を確保し，伝送終了後に波長を開放する方式であり，映像配信などの大容量一括伝送に向いている．処理手順としては，①光信号の経路を確保するための制御パケットの送信，②制御パケットの情報に基づいて接続経路の確保，③一定の時間間隔（オフセット時間）をおいてデータ本体（バースト）送信となる．光バースト交換は，電気的処理と光信号処理のハイブリッド方式であり，以下の光パケット交換に比較して伝送効率は低下するが，実装性の点で優れている．

■光パケット交換（OPS：optical packet switching）

　受信した光信号形式のパケット（光パケット）をそのまま経路制御する方式である．光パケット交換については，「宛先に対応する光ラベル信号を付加して経路情報を参照する方式」や，「宛先を含むパケットのヘッダ部などを取り出し，光‐電気変換して経路情報を参照する方式」など，複数の方法が提案されている．光パケット交換は，伝送速度の速さや低消費電力という点でメリットがあるが，パケットを宛先別に振り分けるための宛先検索や，経路制御などの内部処理が複雑になる点が課題となる．

Note　4.2　トラヒック理論について

　通信ネットワークを流れるデータ量が，通信トラヒック（telecommunication traffic）あるいはネットワークトラヒック（network traffic）に対応する．限られた通信回線や交換設備を効率的に設計・運用する観点より，通信トラヒックを数学モデルとして扱うトラヒック理論が提案されている．

　ユーザからの通信開始要求は呼（call）とよばれる．呼の発生数を c，平均保留時間（呼が通信ネットワークを占有する時間）を h とおくと，トラヒック量 A は次式により与えられる．

$$A = ch \tag{4.1}$$

　上式を観測時間で割り，1時間あたりのトラヒックに換算した値は，呼量（またはトラヒック密度）とよばれる．呼量の単位は erl（アーラン）で定義され，一つの通信回線が運ぶことができる最大呼量が1 erl となる．また，送信端末から接続要求があった際，回線数の不足により接続できなかった割合は，呼損率とよばれる．

　トラヒック理論において，送受信間での接続性を評価する際，入力側（入線）と出力

側（出線）を抽象的な交換機のモデルにより表現する．このモデルは交換線群（switching system）とよばれ，すべての入線からの情報信号は出線が空いている限りすべての出線に接続できる「完全線群」と，空きの出線があるにもかかわらず接続不能になることがある「不完全線群」に分けられる．交換線群の概念は，当初，電話交換機の評価モデルとして提案されたが，現在ではパケット交換機などにも適用されている．電話交換機やパケット交換機の設計に際しては，通信トラヒック（あるいは呼）をポアソン過程などの確率モデルと仮定し，呼損率を含む評価指標を用いて回線数などを決定する．

　完全線群の交換ネットワークにおいて，トラヒックが増加して輻輳状態が発生した際，送受信間の接続を実行しないシステムは「即時式完全線群」，空きが生じるまで待機するシステムは「待時式完全線群」とよばれる．前者のモデルでは，交換ネットワークが輻輳状態にあるときには，新規の呼は受け付けず，呼損となる．一方，後者のモデルでは，輻輳状態が生じても，一定の待ち時間が許容される．このとき，呼の発生源から出力側への待ち行列モデルを仮定し，待合室（バッファ列）を設定する．図 n.4.1 は，待時式システムの待ち行列の例を示しており，「呼の発生源（呼源）」，「待合室（バッファ列）」，「出線に対応するサーバ」から構成されている．この例では，呼源からの呼が待合室にいったん格納され，出線に空きがあれば，サーバで処理されたあとに出力される．

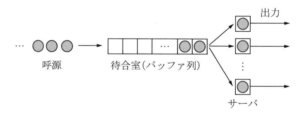

図 n.4.1　待時式システムの例

4.3　コアネットワーク技術（2）：中継伝送

　大容量の基幹ネットワークにおいて，情報信号を遠方に伝送する場合，その途中で減衰や歪みの発生に加えて，雑音が混入（＝ SN 比が低下）することがある．このため，中継伝送では，一定の距離間隔で中継器を伝送路に設置し，送信する情報信号に増幅や補正などの処理を施す．図 4.14 に，中継伝送システムの基本構成例を示す．通常の中継伝送では，伝送効率の観点より，情報信号は多重化され，受信器で出力する際に分離される．中継伝送システムの伝送路は，有線型と無線型に分けられ，後者については通信衛星を経由するケースもある．また，伝送方式は，元の信号形式のまま有線ケーブルで伝送する基底帯域伝送（ベースバンド伝送）と，光ファイバや無線伝送で用いられる搬送波伝送に分けられる（2.3，3.3 節参照）．

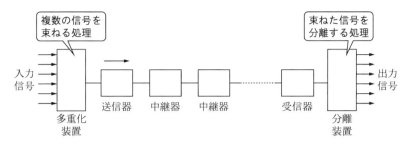

図 4.14　中継伝送システムの基本構成例

4.3.1 ■ 中継伝送の基本機能

　ディジタル信号の再生中継には，「等価整形・等価増幅・波形補正（reshaping）」，「タイミング補正（retiming）」，「識別再生（regeneration）」の三つの基本機能があり，3R 機能ともよばれる．等価整形は，伝送過程で損失を受けて歪んだ波形を，判定できる程度まで整形増幅する処理に対応する．タイミング補正は，受信パルス列からクロック情報（パルス列の伝送速度）を抽出し，パルスの有無を判定するタイミングを補正する処理に対応する．識別再生は，等価整形後の波形振幅を判別し，その値が判定レベルを超えた場合にパルスを発生させる処理に対応する．これらの処理により，ディジタル信号を遠方に伝送する過程で発生する減衰，歪み，ゆらぎ（ジッタ），雑音混入などに対応できる．なお，伝送距離が限られる中継伝送の場合は，タイミング補正が省略されるケースがある．また，光ファイバによる波長多重が用いられる場合などでは，識別再生が省略されるケースもある．

　ここで，ディジタル信号波形の補正の仕組みを図 4.15 に示す．この図は，ディジタル伝送に際して，0，1 のディジタル信号列を補正する例を表している．この例では，横軸に識別タイミングが設定されており，受信波形が縦軸のしきい値レベル

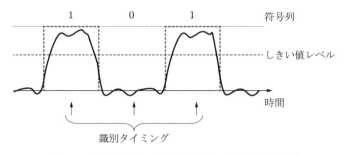

図 4.15　受信したディジタル信号（RZ 符号）の補正例

を超えた場合に1と設定して，歪む前の形状に識別再生する処理を示している．この例はRZ符号の場合を示しているが，直流成分を多く含むことから，中継伝送では一般にNRZやAMIなどの符号形式が適宜選択される（3.3.1項参照）．

また，タイミングの再生方式については，受信したパルス列よりタイミングを抽出する「セルフタイミング方式」と，クロック情報を別の手段により配信して同期をとる「同期伝送」に分けられる．

4.3.2 ■ 中継伝送における多重化方式

(1) 中継伝送における多重化方式の概要

情報信号の多重化方式は，3.6節で述べたように，「時間領域（時分割多重）」，「周波数領域（周波数分割多重，波長分割多重）」，「空間領域（空間分割多重）」，「符号化領域（符号分割多重）」などの観点により分類できる．中継伝送の伝送路は，有線ケーブル（同軸ケーブルや光ファイバなど）と無線に分けられるが，中長距離向けの大容量中継伝送時には，光ファイバの利用が主体となる．

(2) 光ファイバにおける多重化方式

光ファイバを介した中長距離伝送向けの多重化方式の分類例を，**表4.4**に示す．この表が示すように，中長距離向けの多重化方式の例として，「時分割多重（ETDM，OTDM）」，「波長分割多重（WDM）」，「光符号分割多重（OCDM）」，「空間分割多重（SDM）」などが挙げられる．1980〜1990年代以降，ETDMやOTDM，WDM，さらには多値変調方式の大容量伝送技術が実用化された．そして，2000〜2010年代以降になって，OCDMやSDMによる大容量伝送技術の開発が進展している（3.6.4，3.6.5項参照）．

単一のコアをもつシングルモードファイバの場合は，光増幅器の帯域制限，光ファイバへの入力光パワーの制約などがあり，WDMでは100 T（テラ）bit/s程度の伝送速度が上限となる．これに対して，マルチコアファイバなどを活用したSDMの導入により，P（ペタ）bit/sオーダの伝送速度が実現できる．その他の方式として，無線通信で用いられる直交周波数分割多重（OFDM）を適用した「光OFDM」などが挙げられる．

WDMなどの光ネットワークに置かれた通信機器（ノード）による経路制御方式は，「光カットスルー」，「光アドドロップ（optical add/drop）」，「光クロスコネクト（OXC：optical cross connect）」などに分類できる．

表4.4 光ファイバを用いた中長距離伝送向けの多重化方式例

分類	名称	特徴など
時分割多重	ETDM（electrical time division multiplexing）	・1980年代において，アクセス系および中継伝送向けに実用化された．光の伝送路規格 SDH（4.3.3項参照）のベースともなっている． ・電気的な多重回路を用いる方式であり，1ファイバあたり数十〜100 Gbit/s 程度の大容量伝送が実現できる．
	OTDM（optical time division multiplexing）	・EDTM の後継方式として，1990年代以降，光パルス信号を時間領域で多重化する方式として実験検証が進められた． ・1ファイバあたり T（テラ = 10^{12}）bit/s オーダの大容量伝送が実現できる．
波長分割多重	WDM（wavelength division multiplexing）	・アクセス系だけではなく，基幹ネットワークや海底ケーブル利用を含む中長距離伝送（最長で数千〜10000 km 程度の実績）として1990年代に実用化された．光の伝送路規格 OTN（4.3.3項参照）のベースとなっている． ・粗密度波長分割多重（CWDM）と，高密度波長分割多重（DWDM）に大別される（3.6.3項参照）． ・光変調信号の多値化などにより，1ファイバあたり数 T〜100 T bit/s オーダの大容量伝送が実現できる．
符号分割多重	OCDM（optical code division multiplexing）	・2000年代以降，光信号を柔軟に多重化できる大容量伝送方式として実験検証が進められてきた． ・他方式との併用により，1ファイバあたり T bit/s オーダの大容量伝送が実現できる．
空間分割多重	SDM（space division multiplexing）	・2000〜2010年代以降，超大容量伝送を実現する技術として注目されている． ・一つのコア中に複数の伝搬モードを伝送可能な「マルチモードファイバ（MMF）」を利用する形態や，1本の光ファイバ中に複数のコアが利用できる「マルチコアファイバ（MCF）」などの利用が挙げられる（1.5.1，3.6.5項参照）．また，MCF の各コア内に複数のモード（マルチモード）を伝搬させるモード分割多重により，伝送容量をさらに増加させられる． ・他方式との併用により，1ファイバあたり P（ペタ = 10^{15}）bit/s オーダ以上の超大容量伝送が実現できる．

　光カットスルーは，光ファイバを介して送られてきた光信号をそのまま次のノードに転送する処理に対応する．光アドドロップは，特定波長の光信号だけを挿入・分岐する処理を意味し，その機能をもつデバイスは OADM（optical add/drop multiplexer）とよばれる．光クロスコネクトは，複数のノードから送られてきた

光信号の経路制御を行う方式であり，「光スイッチ」，「ROADM」などを用いる．光スイッチとは，おもに光ネットワークで使用されるデバイスであり，電気信号に変換することなく，光信号のまま波長に応じて特定の信号を分岐させ，経路制御を行うことができる．ROADM（reconfigurable optical add/drop multiplexer）は，OADM を拡張し，選択可能な波長を柔軟に再構成できるデバイスである．

4.3.3 ■ 光ネットワークの中継伝送路規格

(1) 同期ディジタルハイアラーキ（SDH）

同期ディジタルハイアラーキ（SDH：Synchronous Digital Hierarchy）は，光ファイバによる伝送を前提としたディジタル信号の同期多重化方式として，1988年に標準化された（ITU-T 勧告 G.707）．米国規格の SONET（Synchronous Optical NETwork）をもとにしているため，SONET/SDH と表記されることもある．それ以前は，PDH（Plesiochronous Digital Hierarchy）という非同期多重化方式が用いられていたが，国際的に統一化されていなかった．SDH は，電話回線などの低速な情報信号を時分割多重方式により積み上げていく階層的な多重方式として提案され，世界的に統一された相互接続規格として利用されている．伝送速度 155.52 Mbit/s である STM-1 を基本とし，STM-N は $155.52 \times N$（$N = 4, 16, 64, 256$）Mbit/s のビットレートとなる．ここで，1 チャンネルの電話回線信号をベースとして，SDH により多重化されていく階層構造を図 4.16 に示す．この図において，電話回線（1 チャンネルあたり 64 kbit/s）の 24 チャンネル分（3.6.1 項（1）

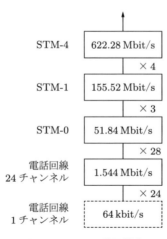

図 4.16　SDH の階層構造

参照）を格納した単位（1 フレーム）を，さらに 28 × 3 多重化した単位が STM-1 に対応している．

SDH フレームは，ネットワーク運用に必要な監視情報を含むセクションオーバヘッド（SOH：section overhead）と，データを格納するペイロードに分けられる（図 4.17 参照）．オーバヘッドの領域には，低速データが格納される位置を示す管理ポインタ（AUPTR：administrative unit pointer）が含まれる．ペイロードには，音声信号を含む各種データが多重化され，ATM セルや IP パケットなどもこのフレームに入れて伝送できる．SDH の検討が行われた 1980 年代では，今日のようなインターネットの爆発的な普及は予測されておらず，そのため当初，SDH は音声通信（電話ネットワーク）に最適化されていた．その後，IP ベースの各種フォーマットを収容できるように SDH の仕様が拡張された．この IP パケットを SDH のペイロードにのせて転送する方式は，IP over SDH とよばれる．しかし，それでも大容量伝送を実現するうえでは十分ではなく，次に述べる光伝達ネットワークの検討が開始された．

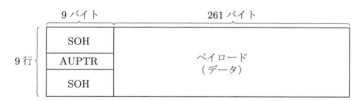

図 4.17　SDH の基本的なフレーム構成

(2)　光伝達ネットワーク（OTN）

光伝達ネットワーク（OTN：Optical Transport Network）は，波長分割多重をベースとし，SDH と整合性をもつ規格として，2001 年に標準化された（ITU-T 勧告 G.709）．OTN は波長多重信号の管理を意識した監視制御機能をもち，SDH，イーサネット（Ethernet），ATM などの多様な信号を収容して多重化し，転送できる（図 4.18 参照）．OTN の基本フレームフォーマットは OTUk（k = 0 〜4）と表現され，k（k = 1, 2, 3）は SDH 規格の SDH-N に対応させている（k = 1 のとき 2.67 Gbit/s，k = 2 のとき 10.71 Gbit/s，k = 3 のとき 43.02 Gbit/s）．ここで，IP パケットやイーサネットフレームを WDM や OTN にのせて転送する方式は，IP over WDM, IP over OTN, Ethernet over WDM, Ethernet over OTN とよばれ，現在の光ネットワークによる中長距離伝送の主流となっている．

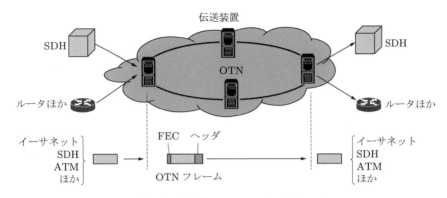

図 4.18 多用な通信規格の OTN への収容イメージ
(FEC：forward error correction，前方誤り訂正)

しかし，OTN は SDH のビットレートに基づいていたため，新しい規格の信号
を効率的に収容できなくなった．このため，2009 年の勧告で多重化構造が見直さ
れ，40 G/100 G イーサネットなどのサーバ間の信号伝送にも柔軟に適用できるよ
うになった．情報通信の大容量化の流れのなかで，通信ネットワーク全体の高機能
化を実現するための検討が引き続き進められていくと考えられる．

演習問題

4.1 国内のアクセス回線種別の分類例を整理せよ．

4.2 ADSL 回線のネットワーク構成と特徴を整理せよ．

4.3 光アクセス回線の分類例と，それぞれの特徴を整理せよ．

4.4 無線アクセス方式の分類例と，それぞれの特徴を整理せよ．

4.5 交換方式の分類例と，それぞれの特徴を整理せよ．

4.6 回線交換とパケット交換の長所と短所を説明せよ．

4.7 中継伝送の役割（基本機能）を整理せよ．

4.8 中継伝送用の光ネットワークにおける多重化方式の分類例と，それぞれの特徴を整
理せよ．

4.9 光ネットワークの中継伝送路規格の例と特徴を整理せよ．

5 ローカルエリアネットワーク （LAN）

学校や企業内などの限られた範囲内で通信機器を接続する通信ネットワークは，ローカルエリアネットワーク（LAN）とよばれる．不特定多数のユーザが接続する公衆通信ネットワークと比較して，LAN は回線制御が簡略化され，信頼性の高いデータ通信ネットワークを構築できる．本章では，LAN の概要，LAN のメディアアクセス制御方式，イーサネット，トークンリングと FDDI，無線 LAN，LAN 間接続，バーチャル LANについて述べる．

5.1 LAN の概要

　ローカルエリアネットワーク（LAN：local area network）は，企業，公的機関，学校，家庭など，相対的に限られた範囲内で使用されるコンピュータネットワークを指す（1.3.2 項参照）．通常は単純な配線により，通信ネットワークに接続されたコンピュータやプリンタなどの周辺機器間の通信を可能とし，ユーザがシステムを管理・構築できることなどを特長とする．

　LAN 技術の起源は，1968〜1970 年ごろにかけて，米国ハワイ大学の ALOHAプロジェクトで構築された無線パケット通信システム（ALOHAnet）とされる．ALOHAnet は，異なる地点に分散した大学キャンパス間を，無線通信により接続したコンピュータネットワークである．当初の ALOHAnet は，ハブを中心としたスター型のトポロジーに分類され，ハブから他ノードへの送信方向と逆方向にそれぞれ向かう二つの周波数チャンネルが用いられた．この ALOHA プロジェクトのアイデアをもとに，有線方式のイーサネット（5.3 節参照）とよばれる LAN 規格が 1972〜1973 年にかけて米国 Xerox 社内で開発された[†]．その後，Xerox 社は他社と協力して開発を進め，現在もっとも使用されているイーサネットフレームのフォーマットを規定する DIX 規格を 1979 年に発表した．1980 年代以降，トークンリング，FDDI などの LAN 規格が提案されたが，現状では，高速化が進んだイー

---

† 　イーサ（Ether）という用語は，電磁波が伝搬する際の媒体として仮定されたエーテルという名前を由来とする．

サネットが主流となっている．

　ここで，OSI 参照モデルと LAN 標準規格を対比させた関係を図 5.1 に示す．この図が示すように，LAN 標準規格は，OSI 参照モデルのデータリンク層に対応する．イーサネットの当初の業界標準である DIX 規格では，データリンク層と物理層のみであった．しかし，さまざまな LAN 規格との相互接続性を確保するためには副層が必要であると標準化組織 IEEE 802 委員会が判断し，データリンク層は，ネットワーク層に近い LLC（logical link control：論理リンク制御）副層と，その下位の MAC（media access control：メディアアクセス制御）副層の二つの階層に分けられた．

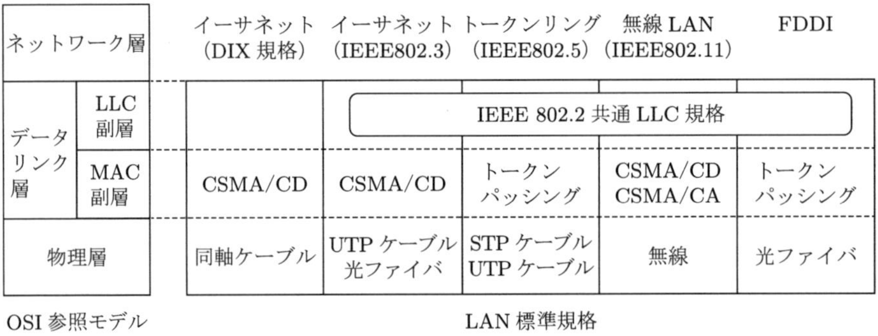

ネットワーク層		イーサネット （DIX 規格）	イーサネット （IEEE802.3）	トークンリング （IEEE802.5）	無線 LAN （IEEE802.11）	FDDI
データ リンク 層	LLC 副層	IEEE 802.2 共通 LLC 規格				
	MAC 副層	CSMA/CD	CSMA/CD	トークン パッシング	CSMA/CD CSMA/CA	トークン パッシング
物理層		同軸ケーブル	UTP ケーブル 光ファイバ	STP ケーブル UTP ケーブル	無線	光ファイバ
OSI 参照モデル				LAN 標準規格		

図 5.1　OSI 参照モデルと LAN 標準規格の対応関係

　LLC 副層は，LAN に接続される通信端末間のデータ転送に関するプロトコルであり，上位のネットワーク層と MAC 副層を結びつける処理を行う．一方，MAC 副層では，LAN の規格ごとに複数のアクセス制御方式が規定されている．このとき，送信側では，LLC 副層から渡された情報に対して，宛先 MAC アドレスや，送信元 MAC アドレスなどの制御情報を付加し，フレームとして組み立てて，物理層に引き渡す役割をもつ．また，受信側では，物理層から複合化されたフレームを受け取り，制御情報を削除したあとに必要な情報のみを LLC 副層に引き渡す役割をもつ．ただし，業界標準のイーサネット（DIX 規格）では，MAC 副層に LLC 副層の役割も含まれる．

　MAC アドレスとは，各種の通信機器を識別するため，通信ネットワークと通信機器間の信号形式を相互に変換するネットワークインターフェースに付与された固有のアドレスを指す．MAC アドレスは 48 ビット（6 バイト）で構成され，一般的に 12 桁・16 進数で「00-00-00-XX-XX-XX」，「00:00:00:XX:XX:XX」などの表

現で記載されることが多い．前半 6 桁（上位 24 ビット）は標準化組織 IEEE が製造メーカ（あるいは開発ベンダー）に割り当てた値であり，後半 6 桁（下位 24 ビット）は各メーカが自社の製品に割り当てた値となる．

5.2 LAN のメディアアクセス制御方式

LAN は基本的に多くの通信端末で共有して使用される．しかし，複数の通信端末からのデータ（パケット）が同時に送信されると，伝送媒体において衝突が起こる可能性があるため，パケットの衝突を抑制する調整機能が必要となる．伝送路上でのパケット衝突を抑制するための制御方式は，メディアアクセス制御（MAC）とよばれる．メディアアクセス制御は，パケットの送受信方法や誤り検出方法を規定した規格であり，通信端末に割り振られた MAC アドレス（5.1 節参照）により通信相手を認識する．

メディアアクセス制御方式は，ランダムアクセス型（送信権割当無型）と送信権割当型に大別される．前者の例としては ALOHA 方式や CSMA 方式，後者の例としてはトークンパッシング方式が挙げられる．

5.2.1 ALOHA 方式

ALOHA プロジェクトの初期システムで利用された ALOHA 方式では，データを送信する際，ほかの通信端末からのデータ送信の有無を検知する処理は実行されない．したがって，複数の通信端末から同時にデータが送信された場合には，それらが衝突する可能性がある．そのため，データが正常に受信された際には，受信端末から受信確認パケット（ACK：acknowledgment packet）を送信し，一定時間経過後も ACK が送信端末に返ってこない場合には，ランダムな時間後に再送する仕組みをとる．

この課題を改善するために提案されたのが，Slotted ALOHA（スロッテッド ALOHA あるいはスロット ALOHA）方式である．ALOHA 方式が，各通信端末から任意のタイミングでデータを送信していたのに対して，Slotted ALOHA 方式では，一定間隔で時間をスロット（タイムスロット）に分割して，送信タイミングを制御する方式を採用した．すべての通信端末がデータを送出する開始タイミングを調整することで，伝送効率は約 2 倍に改善される．また，Slotted ALOHA 方式を用いて，さらに予約情報をのせて送信する r-ALOHA（Reservation ALOHA）方

式なども提案されている.

5.2.2 ■ CSMA 方式

CSMA（carrier sense multiple access：搬送波検知多重アクセス）方式は，通信端末がデータの送信前に LAN 上の通信状態（搬送波の有無）を確認する仕組みをとる. この方式として，「LAN 上のデータを継続的に監視し，空きがある場合にデータを送信する方式（1-persisitant CSMA）」，「LAN の伝送路が空いている場合は確率 p でパケットを送出し，確率 $1-p$ で待機する方式（p-persistent CSMA）」，「LAN 上のデータを一定時間ごと（ランダムな時間）に監視し，空き時間を認識するとデータを送信する方式（non-persistent CSMA）」などが提案されている.

CSMA 方式は，LAN 上のデータ衝突を回避する仕組みを採用しているため，ALOHA 方式に比較して伝送効率がよい. しかし，ケーブルが長く伝送遅延が大きいような条件では，送信データの有無を的確に把握できず，LAN 上でパケットの衝突が発生する可能性がある. 初期のイーサネットでは，CSMA/CD（carrier sense multiple access with collision detection：衝突検出付き搬送波検知多重アクセス）方式が採用された.

CSMA/CD 方式では，LAN 上のデータを継続的に監視し，データの衝突を検出したときには送信を停止する. データ衝突の発生を検知した通信端末は，他端末に衝突が発生した事象を知らせる妨害信号（ジャム信号）を，一定時間送出する. そして，待機状態から通信端末ごとに異なるランダムな時間（バックオフ時間）を待って，データを再送信する手順をとる（図 5.2 参照）. 個々の通信端末がランダムに待機して時間をずらすことによって，送信と受信が同一の伝送路を利用する半二重通信環境下でも，データの衝突が発生する確率は抑制される. ただし，データの再送回数は最大で 16 回と決められており，これを超えた場合には，エラーとしてデータは廃棄され上位層へ通知される. 近年では，送信と受信を分けた伝送路を利用する全二重通信や，通信制御を行う通信機器の普及に伴い，CSMA/CD 方式は利用されなくなっている.

一方，無線 LAN（5.5 節参照）では，CSMA/CD を改良した CSMA/CA（carrier sense multiple access with collision avoidance：衝突回避付き搬送波検知多重アクセス）方式が採用されている. 無線 LAN の場合，電波の信号レベルの変動が激しいため，同じチャンネルを流れる信号の衝突が発生しても検出できるとは限らな

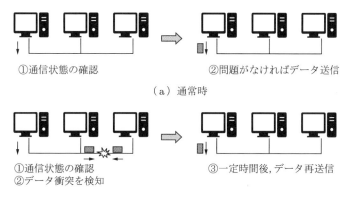

（a）通常時

①通信状態の確認　②問題がなければデータ送信

（b）衝突発生時

①通信状態の確認　③一定時間後, データ再送信
②データ衝突を検知

図 5.2　CSMA/CD におけるパケット送信処理例

い. CSMA/CA 方式は, 信号の衝突を回避できるように, 各通信端末が共用の無線チャンネル（周波数帯）を継続的に監視する.

図 5.3 に送信手順例を示す. 通信端末は, DIFS（distributed coordination function inter-frame space）とよばれる時間帯において電波を検知しなければ, 信号の送信がないと判断し, 各端末に割り振られたランダムな時間（バックオフ）を待ったあとにデータの伝送を開始する. こうした処理により, 通信端末ごとの送信のタイミングをずらし, 一斉に他端末から送信されることを抑制する. このとき, 受信端末は, SIFS（short IFS）とよばれる短い時間のあとに, アクセスポイント経由でACK（acknowledge）信号を返信する. ACK 信号が返ってきた際に, データの授受が成立したと判定される. ACK 信号が返ってこなかった場合には, 通信障害があったとみなして, データの再送信を行う. CSMA/CD が衝突を検出した場合にのみ送信を中止し待ち時間を挿入するのに対して, CSMA/CA は毎回送信前に待ち時間を挿入する点が異なる.

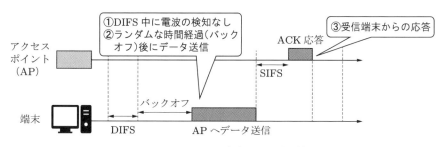

図 5.3　CSMA/CA 方式の処理手順例

なお，無線 LAN では「隠れ端末」という問題が発生することがある．無線 LAN
配下の端末間において，電波を通しにくい遮蔽物がある場合や，無線端末間に距離
がありすぎて互いの電波を検知できない場合には，データの送信状態をうまく検知
できずに，衝突が発生する可能性がある．この隠れ端末問題を回避するために，
RTS/CTS 方式とよばれる無線通信の制御技術が提案されている．RTS/CTS 方
式では，送信端末からは，データ送信要求（RTS：request to send）がアクセス
ポイントに送信される．RTS を受信したアクセスポイントは，受信準備完了通知
（CTS：clear to send）を送信する．こうした送信要求の授受により衝突が抑制で
きるが，ACK 信号の返信に比較して伝送効率は低下する．

5.2.3 ■ トークンパッシング方式

トークンパッシング方式では，「トークン」とよばれるデータがつねに LAN の
中を循環する（図 5.4 参照）．データを送信したい通信端末は，このトークン（フリー
トークン）を捕らえて取り込み，送信権を獲得しデータを送信する．送信端末は，
トークンに宛先アドレスやデータなどを書き込み，ビジートークンとしてネット
ワーク内に送信する．受信端末は，自分宛のデータを確認してコピーし，受信済み
であることを示すビットを付けたあとに，ネットワーク内に転送する．送信元は，受
信されたことを確認したのち，トークンを巡回させて別の通信端末に送信権を渡す．

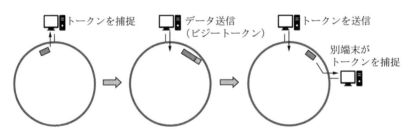

図 5.4　トークンパッシング方式の処理手順

この方式では，トークンをもつ通信端末のみがデータを送信できるため，データ
送信の衝突は発生しない．一方，トークンが回ってくるまでデータが送信できない
制約があるため，伝送効率が抑制される．通常，ネットワーク内を巡回するトーク
ンは一つしか存在しないが，複数のトークンを利用するマルチトークン方式とよば
れる制御方式も存在する．

この方式をリング型ネットワークに適用した規格を，トークンリングとよぶ．トー

クンリング方式の代表例として，リング型光ファイバにより構成される FDDI（5.4
節参照）が挙げられる．

5.3 イーサネット（**Ethernet**）

5.3.1 ██ イーサネットの通信規格

　イーサネットは，1980 年代より IEEE 802.3 委員会において標準化が開始され，
伝送速度 10 Mbit/s で同軸ケーブルを伝送媒体とする 10Base5 とよばれる規格が
最初に提案された．そのほか，UTP ケーブルが伝送媒体として使用され，いずれ
も伝送速度に制約があった．1990 年代半ば以降は，光ファイバを伝送媒体とし，
伝送速度が 100 Mbit/s 以上の仕様が規格化されていくことになった．ここで，伝
送速度 100 Mbit/s の規格は高速イーサネット（ファストイーサネット），伝送速
度 1 Gbit/s の規格はギガイーサネットとよばれる．

　IEEE 802.3 では，伝送速度やケーブル種別が異なる多様な規格が存在する．こ
れらは，**表 5.1** のように，

「伝送速度」＋「変調方式」＋「伝送媒体の情報」

を表す省略表記（規格名）で区別される．ここで，伝送速度は Mbit/s（= Mbps）
単位となるが，G の表記がある場合は Gbit/s（= Gbps）単位を意味する．変調
方式は，データを変調しないベースバンド（baseband）方式と，変調を施すブロー
ドバンド（broadband）方式に分けられ，イーサネットについては，ベースバンド
方式での利用を前提として検討が進められた経緯を踏まえて，Base（または
BASE）と記載される．伝送媒体の情報は，初期仕様として伝送距離の情報が記載
されていたが，現在普及しているタイプは，伝送媒体の種別・方式に対応する．具
体的には，UTP ケーブルを用いる場合は「T」，光ファイバを用いる場合は「F」，
「R」，「W」などの表記が用いられる．ここで，光ファイバを伝送媒体とするケー
スでは，波長帯に応じて，「S（短波長：850 nm）」，「L（長波長：1310 nm）」，「E（超
長波長：1550 nm）」などの記号が付加される．

　さらに，各方式に応じて，マンチェスター符号，MLT-3 符号，NRZI（non-return
to zero inversion）符号，NRZ 符号，4D-PAM5（4 dimensional-phase
amplitude modulation 5）符号などの伝送路符号（3.3.1 項参照）が利用される．

　イーサネットは，1990〜2000 年代以降，技術の進歩とともに伝送速度が増加し，

表 5.1　イーサネット系列の規格例

規格名		速度	ケーブル種別	最大長	トポロジー
10Base5		10 Mbit/s	同軸ケーブル	500 m	バス型
10Base2				200 m	
10Base-T			UTP ケーブル	100 m	スター型
100Base-X	100Base-TX	100 Mbit/s			
	100Base-FX		光ファイバ	マルチモード 2 km	
1000Base-T		1 Gbit/s	UTP ケーブル	100 m	
1000Base-X	1000Base-SX		光ファイバ	マルチモード 550 m	
	1000Base-LX			シングルモード 5 km	
10GBase-T		10 Gbit/s	UTP ケーブル	100 m	
10GBase-X	10GBase-LX4		光ファイバ	マルチモード 300 m シングルモード 10 km	
10GBase-R	10GBase-SR			マルチモード 300 m	
	10GBase-LR			シングルモード 10 km	
	10GBase-ER			シングルモード 40 km	
10GBase-W	10GBase-SW			マルチモード 300 m	
	10GBase-LW			シングルモード 10 km	
	10GBase-EW			シングルモード 40 km	
100GBase-R	100GBase-SR	100 Gbit/s		マルチモード 70/100 m	
	100GBase-DR			シングルモード 500 m	
	100GBase-FR			シングルモード 2 km	
	100GBase-LR			シングルモード 10 km	
	100GBase-ER			シングルモード 40 km	
400GBase-R	400GBase-DR4	400 Gbit/s		シングルモード 500 m	
	400GBase-FR4/8			シングルモード 2 km	
	400GBase-LR8			シングルモード 10 km	
	400GBase-ER8			シングルモード 40 km	

400 Gbit/s 以上の規格の製品も利用されている．当初は構内など限られた範囲の LAN を構築する技術として利用されてきたが，現在は伝送距離の拡張とともに，アクセス系や広域ネットワーク（WAN）向けに利用することが可能となっている．

イーサネットにより WAN を提供するネットワークは，広域イーサネット（7.2.1
項参照）とよばれる．

5.3.2 ■ イーサネットフレーム

OSI 参照モデルにおいて，データリンク層（第 2 層）の情報単位（PDU：protocol
data unit）はフレーム（frame）とよばれる．イーサネットの PDU は，イーサネッ
トフレーム（あるいは単にフレーム）とよばれる．元の送信データが一定長以上の
サイズである場合には，複数に分割されてイーサネットフレーム内に格納される．
格納されたデータは，通信端末のネットワークインターフェースカード（NIC：
network interface card）に割り当てられた MAC アドレス（5.1 節参照）を宛先
として送信される．

イーサネットフレームのデータフォーマットには，イーサネット II フレーム（DIX
仕様）と IEEE 802.3 フレーム（IEEE 仕様）の 2 種類が存在する．それぞれのフ
レーム構成を図 5.5 に示す．

図 5.5　イーサネットフレームの構成

イーサネット II フレームの仕様は，米国 DEC 社，Intel 社，Xerox 社により策
定され，3 社の頭文字を取って通称 DIX とよばれることが多い．フレームの始ま
りを示す「プリアンブル」とよばれるフィールドが最初に配置され，続いて「イー
サネットヘッダ」と「データ」，「FCS（frame check sequence：誤り検知）」のフィー
ルドで構成される．「イーサネットヘッダ」には，送信先や送信元を特定するため
の「宛先 MAC アドレス」や「送信元 MAC アドレス」に加えて，上位層プロト
コルを識別するための「タイプ」とよばれるフィールドが含まれる．「データ」には，
最小で 46 バイト，最大で 1500 バイトのデータが格納される．データが 46 バイト

未満である場合には，ダミーのデータ「0」を追加して 46 バイトに設定する．この処理はパディングとよばれる．FCS では，CRC（cyclic redundancy check）という値を参照して，受信フレームの誤りの有無をチェックし，エラーが発生したと判断した場合にはそのフレームを破棄する．

　IEEE 802.3 フレームは，その後に IEEE が規格化したフレーム形式である．IEEE 仕様では，「プリアンブル」の最後に「SFD（start frame delimiter）」とよばれるプリアンブルの終了を示すパートが付加される．また，イーサネット以外のメディアアクセス制御方式にも対応できるように，「データ」フィールドには，IEEE 802.2 LLC（logical link control）の情報として「宛先 SAP（service access point）」，「送信元 SAP」，「制御」の 3 フィールドが追加されている．ここで，「SAP」は IP などのプロトコル種別を示し，「制御」はデータリンクレベルでコネクションの確立やフロー制御を行うためのフィールドに対応する．しかし，現在は上位層プロトコルとして IP が主流となり，IEEE 802.3 フレームはあまり利用されていない．

5.3.3 ■ イーサネットフレームの転送制御

　10Base5 や 10Base2 といったバス型トポロジーの初期規格や，さらには初期規格以外についても，半二重通信しかサポートしない集線装置（リピータあるいはリピータハブ，5.6.1，5.6.2 項参照）を使用したケースでは，一つの物理的な伝送路を共有して使用することから，データ（イーサネットフレーム）が衝突する可能性があった．この事態を回避する観点より，イーサネットのメディアアクセス制御方式として，CSMA/CD 方式（5.2 節参照）が採用された．しかし，イーサネットに収容される通信端末数の増加とととともに，データ衝突の発生確率が高まり，限界が生じることになった．

　1990 年代後半以降，データリンク層で MAC アドレスを見ながらフレームの宛先を判断して転送を行う集線装置（スイッチングハブあるいはレイヤ 2 スイッチ，5.6.3 項参照）の普及とともに，CSMA/CD 方式の役割は終焉を迎えた．スイッチングハブを利用するケースでは，データ送受信時に異なる伝送路を利用する全二重通信となる．このとき，通信端末が収容されるスイッチングハブ内のポートは，データリンク層間で接続され，他ポートからのイーサネットフレームとの衝突が回避される仕組みをとる．現在のスイッチングハブでは，イーサネットフレームを受信したあと，いったんメモリに蓄積（ストア）してから，エラーをチェックし，問題が

なければ転送（フォワード）する「ストアアンドフォワード」とよばれるフレーム転送方式が主流となっている.

5.4 トークンリングと FDDI

　トークンリングは, 1970 年代に米国 IBM 社が提唱し, その後, IEEE 802.5 によって標準化されたリング型トポロジーの LAN 規格である. メディアアクセス制御には, トークンパッシング方式（5.2.3 項参照）が採用されている. トークンリング内では, データ送信権を与えるトークンは一つしか存在せず, LAN においてデータが衝突を起こすことはない. トークンリングでは, ツイストペアケーブルが使用され, 伝送速度は 4 Mbit/s または 16 Mbit/s である.

　FDDI（Fiber-Distributed Data Interface）は, トークンリングの代表例で, 1980 年代に米国規格協会（ANSI：American National Standards Institute）によって制定された LAN 規格である. 伝送媒体として光ファイバを利用し, 伝送速度は 100 Mbit/s に達する. FDDI は最大 500 の通信端末を収容し, 隣接する通信端末間の伝送距離が 2 km, 最大ネットワーク長が 200 km の仕様となっている. 標準の FDDI では, 接続される通信端末に対して逆方向に信号を伝送する 2 重のリングを設置し, 障害発生時に切り替える工夫がされている. FDDI は信頼性が高く, 大規模ビル内での基幹 LAN 向けなどに利用されてきたが, イーサネット技術の進展とともに, 現在ではあまり利用されなくなっている.

5.5 無線 LAN

　無線 LAN は, ケーブル配線が不要であるため自由度が高く, 学校やオフィスなどの構内や公園などの屋外で幅広く利用されている. 無線 LAN の接続形態は,「無線端末どうしが直接的に通信を行うインデペンデントモード（あるいはアドホックモード）」と,「無線端末が基地局に相当するアクセスポイントを介して通信を行うインフラストラクチャモード」の二つに大別される（図 5.6 参照）. 前者は, 2 台の無線端末どうしが相互にデータの授受を行う際などのピアツーピア接続に利用される. 一方, 後者は, 複数の無線端末がインターネットなどに接続したり, あるいは, 相互に通信を行ったりする際の一般的な LAN の接続形態として利用される.

　無線 LAN の標準化は, IEEE 802 委員会で進められてきたが, 2009 年以降は, Wi-Fi Alliance という業界団体の主導のもとで Wi-Fi 規格が加わることになっ

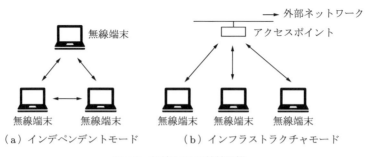

図 5.6　無線 LAN の接続形態

表 5.2　無線 LAN の基本規格例

IEEE 802 規格名	Wi-Fi 規格	制定年	無線周波帯	2 次変調	最大伝送速度	アクセス制御
IEEE 802.1	—	1997 年		DSSS/FHSS	2 Mbit/s	
IEEE 802.11b	—	1999 年	2.4 GHz	DSSS	11 Mbit/s	
IEEE 802.11g	—	2003 年		DSSS/OFDM	54 Mbit/s	
IEEE 802.11a	—	1999 年	5 GHz			CSMA/CA
IEEE 802.11n	Wi-Fi4	2009 年	2.4/5 GHz	OFDM	600 Mbit/s	
IEEE 802.11ad	—	2012 年	60 GHz		6.8 Gbit/s	
IEEE 802.11ac	Wi-Fi5	2014 年	5 GHz		6.9 Gbit/s	
IEEE 802.11ax	Wi-Fi6	2020 年	2.4/5 GHz	OFDMA	9.6 Gbit/s	

た．ここで，無線 LAN の規格例を**表 5.2** に示す．この表が示すように，1997 年に制定された無線 LAN の規格以降，伝送速度は増加し，いずれもメディアアクセス制御に CSMA/CA 方式（5.2.2 項参照）が利用されている．

　無線周波帯としては，おもに 2.4 GHz 帯と 5 GHz 帯が利用されている．2.4 GHz 帯は 5 GHz 帯に比較して周波数が低く，電波が遠方まで届きやすい点がメリットとなる．しかし，2.4 GHz 帯は，家電製品（電子レンジなど）や IH クッキングヒーター，Bluetooth など，ほかの電子機器も利用する ISM 帯（Industrial Scientific and Medical Band：産業科学医療用バンド）と重なるため，電波干渉が生じる可能性がある．一方，5 GHz 帯は，無線 LAN・Wi-Fi 専用の周波数帯であり，安定的に通信を行うことができる．ただし，2.4 GHz 帯に比較して，壁などの障害物に弱い点がデメリットとなる．また，IEEE 802.11ad では，無線周波帯として 60 GHz を用いる超高速無線 LAN 方式が規格化され，ワイヤレスディスプレイ，高精細映

像のストリーミング，大容量ファイルの高速伝送などの，近距離・高速通信向けの利用形態が想定されている．

無線 LAN では，ノイズ耐干渉性を増加させるために，PSK や QAM などで 1 次変調された信号に対して，当初はスペクトル拡散技術を 2 次変調として適用する規格が提案された（3.5 節参照）．2003 年以降の無線 LAN の規格においては，複数の搬送波を使って変調波を生成して送信信号の多重化を行う直交周波数分割多重（OFDM）方式（3.6.2 項参照）や，OFDM を多重接続する直交周波数分割多元接続（OFDMA）方式（4.1.6 項参照）が，2 次変調技術として採用されている．

5.6 LAN 間接続

LAN に接続される通信端末や，複数の LAN どうしを接続する通信機器として，リピータ，リピータハブ，ブリッジ，スイッチングハブ（レイヤ 2 スイッチ），ルータ（レイヤ 3 スイッチ）などが挙げられる．

5.6.1 ▪ リピータ

リピータは，レイヤ 1（OSI 参照モデルの物理層）で動作する LAN 構成機器である．UTP ケーブル（1.5.1 項参照）を流れる電気信号を増幅・再生する機能をもち，伝送距離を延長するために使用される．UTP ケーブルを用いた場合には，100 m を超えるような LAN の敷設は困難であるが，リピータを経由することで伝送距離を延長できる．なお，リピータは，10Base2 や 10Base5 イーサネットで利用されてきたが，現在ではほとんど利用されていない．

5.6.2 ▪ リピータハブ

リピータハブは，リピータと同様に電気信号の増幅や整形を行うレイヤ 1（OSI 参照モデルの物理層）の LAN 構成機器である．ここで，ハブは，LAN ケーブルの複数の接続口（ポート）をもつ集線装置を意味し，ある通信端末から受信したデータをそのままほかの全端末に送信する機能をもつ点で，リピータと異なる（図 5.7 参照）．このため，データの傍受が容易であり，多くの通信端末が接続される大規模 LAN などでは，セキュリティの観点から課題がある．

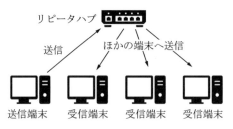

図5.7　リピータハブの接続構成例

5.6.3 ■ ブリッジ

　ブリッジは，LAN間を接続するための中継装置であり，レイヤ2（OSI参照モデルのデータリンク層）で動作する．ブリッジによるLAN間接続の基本構成例を図5.8に示す．一定の条件で分割した単位区分（グループ）をセグメントといい，したがってブリッジはセグメント間の中継装置とみなすことができる．

　ブリッジは電気信号の波形の増幅・整形を行うだけでなく，イーサネットフレームヘッダの「宛先MACアドレス」をチェックし，宛先のMACアドレスが存在するセグメントへフレームを転送する役割をもつ．ブリッジは，最初に設置した時点では，LAN内の通信端末の配置情報を把握していない．しかし，設置後に通信が開始すると，送信端末（ホスト）のMACアドレスを学習し，各セグメントに接続されている通信端末のMACアドレステーブルを更新していく．ブリッジは，MACアドレステーブルを参照し，対象とするセグメント側にフレームを転送するフィルタリング機能をもつので，無駄な通信トラヒックの発生を抑制し，伝送効率を改善できる．ただし，相互接続したセグメント間では，ブリッジはすべての宛先にフレームをブロードキャスト（一斉送信）する．このため，セグメントの規模が

MACアドレステーブル

ポート番号	MACアドレス
1	端末A-1のMACアドレス，端末A-2のMACアドレス，…
2	端末B-1のMACアドレス，端末B-2のMACアドレス，…

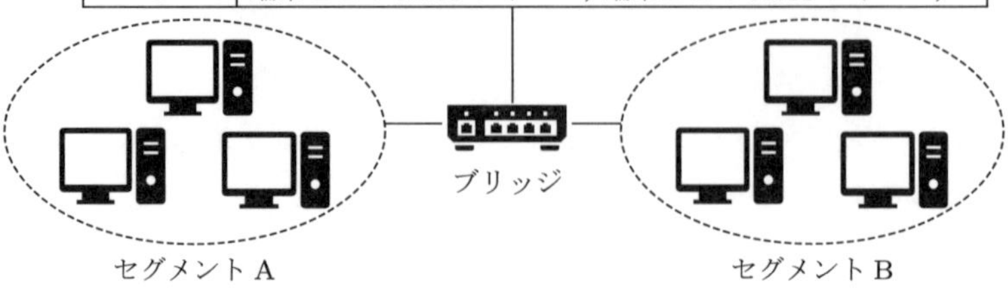

セグメントA　　　　　　　　　　ブリッジ　　　　　　　　セグメントB

図5.8　ブリッジの接続構成例

大きい場合には，不要な通信トラヒックが増えることになる．

5.6.4 ◼ スイッチングハブ（レイヤ2スイッチ）

スイッチングハブとは，ブリッジ機能をもつハブであり，レイヤ2スイッチとも
よばれる．ブリッジがソフトウェアによりフレームを転送するのに対し，スイッチ
ングハブはMACアドレスを学習するためのASIC（application specific integrated
circuit：専用集積回路）を用いてハードウェアで処理する．これにより，ソフトウェ
アに比較して高速で処理することができる．ブリッジが一般に2ポートであるのに
対して，スイッチングハブはより多くのポートを備えており，マルチポートブリッ
ジとよばれることもある．多くの通信端末を接続でき，各ポートに接続された端末
情報を把握する点でもブリッジより優れている．また，スイッチングハブは，送信
と受信を分離した全二重通信に対応し，CSMA/CD制御は不要となる．さらに，
対象ポートを経由して流れるフレームを別ポートへコピーするポートミラーリング
とよばれる機能や，論理的にLANを分割するバーチャルLAN（5.7節参照）の機
能などに対応する．

スイッチングハブは，ブリッジと同様に，MACアドレスと通信端末のポート情
報を紐づけて管理する際に用いるMACアドレステーブルの学習機能をもつ．MAC
アドレステーブルでは，ポートごとにMACアドレスが登録されている．スイッチ
ングハブは，受信フレームの一部またはすべてをいったんバッファに格納し，どの
ポートに転送（フォワード）するべきか判断するフィルタリング機能をもつ．ブリッ
ジは，MACアドレスに基づいて送信先のセグメントを判断することが役割である
のに対して，より多くのポート数を備えているスイッチングハブは，各ポートに接
続した通信端末を識別してフレーム転送を行うためのLAN構成機器とみなすこと
ができる（図5.9参照）．

各ポートへのフレーム転送の処理方式（フォワーディングモード）は，転送時に
内部データの破壊の有無をチェックする「ストアアンドフォワード（store and
forward）」，単純に転送する「カットスルー（cut through）」，フレームの先頭部の
みをチェックする「フラグメントフリー（fragment free）」，通常はカットスルー
として動作するが，エラー率が増加した場合にエラーフレームをチェックする「エ
ラーフリーカットスルー（error free cut through）」などのタイプが存在する．

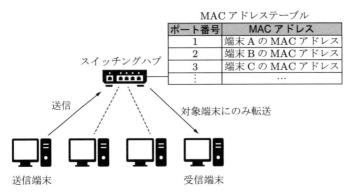

図5.9　スイッチングハブのフレーム転送例

5.6.5 ■ ルータ（レイヤ3スイッチ）

　ルータは，レイヤ3（OSIモデルのネットワーク層）でLANを接続する通信機器であり，異なるIPネットワークを接続するために利用される．IPプロトコルによるルーティング機能をもっているため，アドレス体系が異なるLANを接続できる．

　ルータは，データリンク層においてフレームヘッダのタイプをチェックして，上位層のプロトコルを識別する．IPパケットの場合，ネットワーク層においてパケットヘッダの「宛先アドレス」をチェックし，パケットの経路情報を記載したルーティングテーブルに従って転送する（6.5節参照）．

　また，ルータは，不要なパケットを遮断してセキュリティを向上させるパケットフィルタリング機能，アドレス変換機能などを装備している（9.2.3項参照）．ルータとスイッチングハブの機能を併せ持つ通信機器は，レイヤ3スイッチともよばれる．

　以上を踏まえて，LANで用いられる通信機器とOSI参照モデルとの関係を，図5.10に示す．この図において，リピータとブリッジおよびスイッチングハブは，それぞれ信号伝送用とフレーム転送用の通信機器であることを示す．また，IPネットワークにおいて，ルータはIPパケット転送用の交換機に対応している．

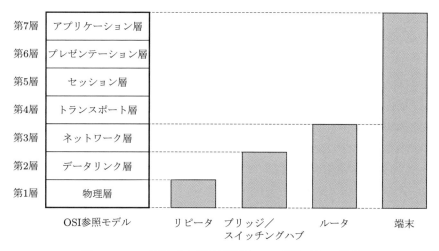

図 5.10　LAN で用いられる通信機器と OSI 参照モデルの関係

5.7　バーチャル LAN

　オフィスや学校などにおいて，スイッチングハブに多くの通信端末が収容される場合，グループ分けをして異なる通信ネットワークとして管理したいケースがある．こうした状況で，スイッチングハブにより通信ネットワークを分離する技術は，バーチャル LAN（VLAN：virtual LAN）または仮想 LAN とよばれる．

　1 台または 2 台のスイッチングハブにより分離された VLAN の接続構成例を，図 5.11 に示す．図(a)の例では，ポート番号 1〜3 が VLAN1，ポート番号 4〜5 が

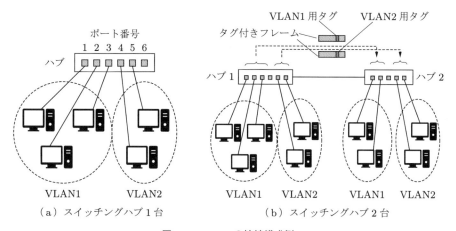

（a）スイッチングハブ 1 台　　　（b）スイッチングハブ 2 台

図 5.11　VLAN の接続構成例

VLAN2 に分離されており，それぞれ異なるハブに接続された通信ネットワークとみなすことができる．図(b)は，オフィスビルなどにおいて，異なるフロアにまたがって通信端末を設置するケースや，広域イーサネット（7.2.1 項参照）などで利用される VLAN の例にあたる．後者の例では，フレームに VLAN ごとの識別タグ（4 バイト）を付加して VLAN を区分する．VLAN 設定時に用いられるタグは，IEEE 802.1Q 規格に基づいており，VLAN タグまたは 802.1Q タグとよばれる．それぞれのスイッチングハブは，別のスイッチングハブにフレームを転送する際にはタグを付加し，受信する際にはタグを外してほかの通信端末へ転送する．

　ユーザ識別に VLAN タグ方式を用いる場合，VLAN の最大収容数が 4094 となり，広域イーサネットの運用などに制約が生じる．このため，収容可能なユーザ数を増やすための顧客識別子（サービスインスタンス識別子）を用いたプロバイダ基幹ブリッジ（PBB：provider backbone bridge）が提案され，約 1600 万ユーザの識別が可能となった．

　なお，複数のスイッチングハブを接続して通信ネットワークを構築する場合には，図 5.12(a)のようにループ（閉回路）が形成され，障害が発生する可能性がある．この図において，たとえば，ある送信端末が相手先の MAC アドレスを把握する際に用いる ARP 要求フレーム（6.2.1 項参照）が送信されるようなケースでは，送信されたフレームがループ内で永続的に巡回する事態などが想定される．こうした問題を回避する手段として，スパニングツリープロトコル（STP：Spanning Tree Protocol）とよばれる方式が，IEEE 802.1D において標準化された．STP では，ループ状に構成されたスイッチ内のポートを選択し，元のループ状のネットワークをブロッキング（遮断）状態にして開放する処理を実行する（図(b)参照）．

　スパニングツリーを構成する際には，複数ある LAN スイッチの中から，MAC

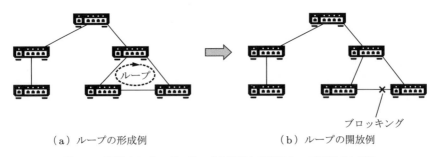

（a）ループの形成例　　　　　　　　（b）ループの開放例

図 5.12　複数のスイッチングハブを接続する際のループの形成と開放

アドレスの最小値をもつものなどを「ルートスイッチ（またはルートブリッジ）」（木の根幹）として選択する．ルートブリッジとして選出された LAN スイッチは，BPDU（bridge protocol data unit）とよばれるフレームを定期的にほかのスイッチに向けて送信する．ルートブリッジ以外のスイッチは定期的に BPDU を受信し，ネットワーク構成を確認する．BPDU の情報により，通信ネットワークのループ箇所が検出された場合には，そのループに接続されるポートとルートスイッチとの距離などをチェックしながら，ブロッキング処理を実行する．

　ただし，STP ではルート設定に数十秒程度の時間を要し，フレーム転送の遅延が一定時間続く可能性がある．そのため，より効率的なラピッドスパニングツリープロトコル（RSTP：Rapid Spanning Tree Protocol）や，マルチプルスパニングツリープロトコル（MSTP：Multiple Spanning Tree Protocol）とよばれるプロトコルが提案されている．RSTP は STP と同じ原理に基づいており，ブロッキング対象とするポートは設定せず，障害発生時に利用するポートを決定する仕組みをとる．STP と RSTP は VLAN ごとにスパニングツリーを形成するのに対して，MSTP は一定の VLAN のグループごとにスパニングツリーを形成する方法をとる．そのため，VLAN 数の増加によって生じる処理負荷を抑えられるので，MSTP は大規模ネットワーク構成に向いている．

演習問題

5.1　MAC アドレスの定義を説明せよ．

5.2　LAN のメディアアクセス制御方式の分類例と，それぞれの特徴を整理せよ．

5.3　CSMA/CD 方式の手順を整理せよ．

5.4　イーサネットフレームの構成を説明せよ．

5.5　現状のイーサネットフレームの転送制御手順を説明せよ．

5.6　無線 LAN で用いられるメディアアクセス制御方式と 2 次変調の概要を説明せよ．

5.7　LAN 間接続で用いられるブリッジ，スイッチングハブ，ルータの特徴と処理手順を説明せよ．

5.8　バーチャル LAN の役割を整理せよ．

5.9　VLAN タグとプロバイダ基幹ブリッジ（PBB）によるユーザ識別数を示せ．

5.10　スパニングツリープロトコル（STP）の処理手順を整理せよ．

6 IP 技術の基礎

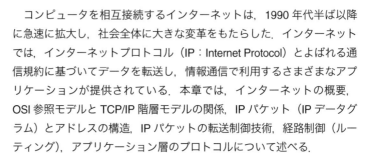

　コンピュータを相互接続するインターネットは，1990 年代半ば以降に急速に拡大し，社会全体に大きな変革をもたらした．インターネットでは，インターネットプロトコル（IP：Internet Protocol）とよばれる通信規約に基づいてデータを転送し，情報通信で利用するさまざまなアプリケーションが提供されている．本章では，インターネットの概要，OSI 参照モデルと TCP/IP 階層モデルの関係，IP パケット（IP データグラム）とアドレスの構造，IP パケットの転送制御技術，経路制御（ルーティング），アプリケーション層のプロトコルについて述べる．

6.1　インターネットの概要

　今日では，コンピュータを含む数多くの通信機器が，インターネット（Internet）を介して相互に接続され，膨大な情報がやりとりされる時代となった．その起源は，米国防省内プロジェクトの一つであるパケットコンピュータ通信ネットワーク ARPANET とされる（1.1 節参照）．ARPANET は，米国のカリフォルニア大学ロサンゼルス校，カリフォルニア大学サンタバーバラ校，ユタ大学，スタンフォード研究所の 4 拠点を接続する形で 1969 年に運用が開始された．そして 1980 年代後半，ARPANET と学術研究用コンピュータネットワーク NSFNET（National Science Foundation NETwork）が相互接続されたあとに，インターネットとよばれるようになった．この間に，データを一定長に区切って転送するパケット通信に関するさまざまなアイデアが提案され，技術的な検証が行われた．ARPANET のプロジェクト終了後，多数のコンピュータネットワークが接続される形態のもとで，1990 年代に入り商用利用が公式に認められた．また，同時期に，インターネットの設計や規格を開発する団体 IETF（Internet Engineering Task Force）なども設立されている．

　インターネットの接続サービスを提供する事業者は，インターネットサービス提供事業者（インターネットサービスプロバイダ，ISP：Internet service provider）とよばれ，インターネット接続に加えて，メールアドレスなどの付加価値サービス

を提供する.「ISP ネットワーク」,「企業ネットワーク」,「学術ネットワーク」,「官公庁ネットワーク」,さらには「顧客向けのインターネット関連機器を設置・運用するデータセンター(IDC:Internet data center)」などが,IP 技術によって相互接続された通信ネットワークの総称とみなすことができる.

インターネットの基本構成例を図 6.1 に示す.この図は,多数の ISP などが相互接続され,アクセスネットワーク,インターネットエクスチェンジ(IX:Internet exchange)などから構成される例を示している.ここで,IX は,ISP やインターネットデータセンターなどを相互接続する拠点やサービスのことで,IXP(Internet exchange point)ともよばれる.複数の ISP が一つの IXP を介して相互接続する場合はパブリックピアリングとよばれ,二つの ISP がそれぞれ単独に通信回線を準備して相互接続する場合はプライベートピアリングとよばれる.プライベートピアリングは,専用回線やルータなどの設置・運用が必要となるため,コスト面で効率的ではなく,あまり使われない.

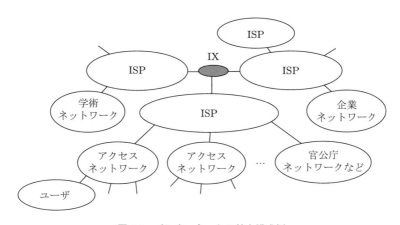

図6.1　インターネットの基本構成例

ISP 間や国家間などの高速大容量のネットワークを接続するネットワークは,バックボーンネットワークとよばれる(バックボーンは「背骨」を意味する).また,ISP とユーザを結ぶネットワークは,「アクセスネットワーク」,「ネットワークエッジ」,「ワークグループネットワーク」などとよばれ,有線または無線アクセスにより接続される.このほかに,メールサーバ,Web サーバ,各種認証サーバなどの運用を行うアプリケーションサービスプロバイダや,特定の地域で自治体などが運営する地域ネットワークを,別に定義することもある.なお,電気通信事業者や企

業などが統一した運用方針や制御情報に基づいて接続される大規模ネットワーク
は，自律システム（AS：autonomous system）とよばれる．通常，AS には固有
の識別番号（AS 番号）が割り当てられ，ネットワーク経路選択時の識別などに用
いられる．

　インターネットは，伝送路を複数のユーザが共用して運用の効率化をはかってお
り，ISP と契約した通信速度は必ずしも保証されず，パケット損失などの通信品質
が低下する可能性がある．このため，インターネットは，可能な限りの努力をする
という意味で，ベストエフォート型の通信ネットワークに対応する．

　インターネットは，さまざまな組織によって技術的な検討や管理が行われている．
インターネットに関連する組織の代表例を**表 6.1** に示す．

表 6.1　インターネットの関連組織例

名称	組織概要
IETF（Internet Engineering Task Force）	インターネット技術の標準化を推進する組織．IETF における技術仕様は，RFC（Request For Comments）という名前で文書化される．1986 年設立．
IANA（Internet Assigned Numbers Authority）	インターネットの IP アドレスやプロトコル番号などの運用管理に関する業務を行ってきた．その後，IANA が行っていた各種資源のグローバルな管理の役割は ICANN に引き継がれている．現在 IANA は，ICANN における機能の名称として使われている．
ICANN（The Internet Corporation for Assigned Names and Numbers）	インターネットの資源（IP アドレス，ドメイン名，プロトコル番号など）の管理運用を行う組織．1998 年設立．
ISOC（Internet Society）	インターネット技術に関する標準化・教育・運用ポリシーに関する課題などを統括する組織．下部組織として IETF などがある．1992 年設立．

　インターネットを介した通信では，接続されている通信機器に対して，IP アド
レスとよばれる番号を付与し，通信相手の指定と呼び出しを行う．このとき，パケッ
ト（IP パケット）とよばれる単位でデータが送信され，宛先などを格納するパー
トはヘッダ，分割した情報（データ）を格納するパートはペイロードとよばれる
（3.6.1 項(2)，6.3 節参照）．また，インターネットで用いられる通信の標準プロト
コル（通信規約）は，TCP/IP（Transmission Control Protocol/Internet Protocol）
の体系をベースとしている．TCP/IP は，インターネットで通信を行う際に必要

となる多数のプロトコル群から構成され，これに基づいてデータの転送，経路選択，アプリケーションの実行などが行われる．ちなみに，TCP/IP を使用して構築されたプライベートネットワークはイントラネットとよばれ，今日の LAN の標準規格とみなすことができる．

6.2 TCP/IP 階層モデル

6.2.1 ■ OSI 参照モデルと TCP/IP 階層モデルの関係

　OSI 参照モデル（1.6 節参照）は，コンピュータなどの通信機器の機能を，階層構造に分割したモデルである．OSI 参照モデルでは，通信規約（通信プロトコル）を七つの階層に分けて，それぞれの階層が担う通信機能を定義している．この規定は，国際標準化機構（ISO）によって進められた．一方，インターネットでは，実用的な観点から整理されたプロトコル階層である TCP/IP 階層モデル（TCP/IP モデル）が利用されている．TCP/IP 階層モデルは，インターネットの原型となった ARPANET プロジェクトから生まれたプロトコル群であり，「ネットワークインターフェース層」，「インターネット層」，「トランスポート層」，「アプリケーション層」の 4 層より構成される．ここで，OSI 参照モデルと TCP/IP 階層モデルの関係を表 6.2 に示す．

　以下に，TCP/IP 階層モデルの各階層の役割を整理する．

表 6.2　OSI 参照モデルと TCP/IP 階層モデルの対応関係

OSI 参照モデル	TCP/IP モデル	
	名称	主要プロトコル規格例
第 7 層：アプリケーション層	アプリケーション層	HTTP（Web アクセス），SMTP，POP3（メール），DHCP，FTP（ファイル転送）など
第 6 層：プレゼンテーション層		
第 5 層：セッション層		
第 4 層：トランスポート層	トランスポート層	TCP, UDP
第 3 層：ネットワーク層	インターネット層	IP, ICMP, ARP
第 2 層：データリンク層	ネットワークインターフェース層	イーサネット，PPP，無線 LAN など
第 1 層：物理層		

■アプリケーション層

　OSI 参照モデルのセッション層，プレゼンテーション層，アプリケーション層の三つの機能をまとめたものである．インターネットで使用される代表的なプロトコルの例として，Web 閲覧時に使用する HTTP，メールを送信する際に使用する SMTP，メールの受信時に使用する POP3，IP アドレスの割り当てを行う DHCP などがある（6.6 節参照）．

■トランスポート層

　OSI 参照モデルのトランスポート層に対応する．TCP/IP 階層モデルのトランスポート層は，データの送受信に際して，信頼性の取り決めを行う役割をもつ．具体的な役割としては，「エラー検出・訂正と再送制御」，「コネクション（仮想的な伝送路あるいは通信経路）の確立」，「データの並び順の整列」，「フロー制御」，「輻輳制御」などがある．代表的なプロトコルとして，TCP（Transmission Control Protocol）と UDP（User Datagram Protocol）が挙げられる．前者はデータの信頼性を保証するコネクション型，後者は効率重視のデータ転送を行うコネクションレス型のプロトコルである（6.3，6.4 節参照）．さらに，Web 閲覧時などを想定した TCP に代わる信頼性の高いトランスポートプロトコルとして，UDP 上で動作する QUIC（Quick UDP Internet Connections）が規格化されている（IETF，2021 年 5 月）．

■インターネット層

　OSI 参照モデルのネットワーク層に対応する．TCP/IP 階層モデルのインターネット層は，データをやりとりするコンピュータなどの通信端末との通信に関する規約を定める．送信先を判断する手段として IP アドレスが利用され，データ（パケット）の転送や経路選択（ルーティング）が行われる．また，エラーの通知や制御メッセージを転送するために使用する ICMP（Internet Control Message Protocol）や，IP アドレスから MAC アドレスを取得する ARP（Address Resolution Protocol）などのプロトコルも，インターネット層に含まれる．

■ネットワークインターフェース層

　TCP/IP 階層モデルのネットワークインターフェース層は，OSI 参照モデルのデータリンク層と物理層に対応する．通信端末間でのデータ転送を実現する役割をもち，LAN やアクセス回線などがこの階層の機能を実現する．代表的なプロトコ

ルとして,「イーサネットや無線 LAN などの LAN 規格」,「電話回線などを用いて
2 点間を接続して通信を行うために使用する PPP（Point-to-Point Protocol)」が
ある．TCP/IP 階層モデルでは,相互接続された通信端末間で通信が確立できる
ことを前提としているため,コネクタの形状などの物理層に関する記載はない．こ
のため，OSI 参照モデルの物理層を含めないという考え方もある．

6.2.2 ■ TCP/IP 階層モデルにおけるデータ転送

TCP/IP 階層モデルにおいて,端末 A から別の端末 B にデータが送信される際
の各階層での処理の流れを図 6.2 に示す．まず，トランスポート層において，端末
A より送信するデータに対して,送信元および宛先のポート番号などを含む「TCP
ヘッダ」が付与される（ただし,トランスポート層で UDP が選択された場合,「UDP
ヘッダ」が付与される)．ポート番号とは,通信に使用するアプリケーション（例：
HTTP，FTP，6.6 節参照）を識別するための値のことである．なお，アプリケー
ション種別に応じて,データに対してアプリケーション層のヘッダ（例：HTTP
ヘッダ）を付与したフォーマット形式で記載される例もある．また，TCP ヘッダ
および UDP ヘッダを付与されたブロック単位は，それぞれ「TCP セグメント
（TCP パケット)」,「UDP セグメント（UDP パケット)」などとよばれる．

次に，インターネット層では,送信元および宛先の IP アドレスや上位のプロト
コル種別情報などを含む「IP ヘッダ」が付与される．IP ヘッダを付与されたブロッ
ク単位が「IP パケット」である．ただし，単純なデータの送受信単位はデータグ

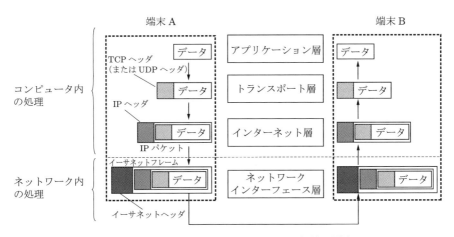

図 6.2 TCP/IP 階層モデルにおけるデータ転送処理例

ラムとよばれることから，IETF の技術資料では「IP データグラム」という表現が用いられる．続いて，イーサネットを介してデータを転送する場合，IP パケットに対してさらに「イーサネットヘッダ」が付与され，イーサネットフレームの単位となる（5.3 節参照）．このように，データ通信の過程において，必要なヘッダなどの制御情報を付加してペイロードに埋め込んでいく処理は，カプセル化とよばれる．また，受信側の端末 B での処理は，送信元とは逆の手順に対応し，付与されたヘッダが順次取り除かれていき，アプリケーション層において元データを取得できる．以上のプロセスにおいて，TCP ヘッダ（または UDP ヘッダ）と IP ヘッダに関する処理は，コンピュータ内で実行される．したがって，イーサネットヘッダの処理は，ネットワーク内の処理とみなすことができる．

　なお，通信機器間のデータ転送方式は，「ユニキャスト」，「ブロードキャスト」，「マルチキャスト」などに分類される．

- ・**ユニキャスト**：単一のアドレスを指定して，1 対 1 型で行われる一般的なデータ通信.
- ・**ブロードキャスト**：同一ネットワーク内の全宛先を指定し，1 対不特定多数で行われるデータ通信．通信機器の設定に必要な情報取得時などに利用される.
- ・**マルチキャスト**：グループアドレスを指定し，特定のグループに所属するすべての通信端末にデータが転送される 1 対 N（複数）型のデータ通信．映像配信サービスなどに利用される.

ユニキャストの場合はおもに TCP，マルチキャストの場合はおもに UDP が用いられる．

6.3　IP パケット（IP データグラム）とアドレスの構造

　現在運用されている IP のバージョンは，1980 年に規格化された 4 版 IPv4（version 4）と，1995 年に規格化された 6 版 IPv6（version 6）が存在する．IPv4 は，アドレス長が 32 ビットであり，約 43 億（$\fallingdotseq 2^{32}$）個のアドレスを割り当てることができる．一方，IPv6 のアドレス長は約 4 倍の 128 ビットであり，43 億の 4 乗である 3.4×10^{38} 個のアドレス割り当てが可能となる．当初のインターネットは研究を利用目的としていたため，32 ビットで十分であると想定されていたが，商用化の流れのなかで，世界中のユーザにアドレスを割り当てていくことが困難であると判断

され，IPv6 が提案されることになった．

　IPv6 は，単に対応可能なアドレス数を拡張しただけではなく，「ヘッダ部フォーマットの単純化」，「サービス品質の差別化」，「セキュリティ対策」などの点でも IPv4 に改良を加えている．しかし，IPv4 と IPv6 間の相互互換性に関する制約があり，2000 年代以降においても，IPv4 は継続して利用されている．IPv4 の新規アドレスは枯渇している状況であるが，ユーザが IPv6 への移行の必要性を感じないかぎりは，二つの IP ネットワークが共存する状態が今後も継続していくと予想される．

6.3.1 ■ IP パケットの構造

（1） IPv4 パケットの基本フォーマット

　IPv4 パケットの基本フォーマットを図 6.3 に示す．この図が示すように，IP パケットは，「IP ヘッダ（通常 20 バイト，オプション追加時に最大 60 バイト）」と「IP ペイロード」に分けられる．また，IP ペイロードは，「上位に位置するトランスポート層のヘッダ（TCP，UDP）」と「データ（ただし，アプリケーション層のヘッダが付加されるケースあり）」より構成される．このとき，図のデータ部は，TCP ペイロードまたは UDP ペイロードとよぶこともできる．また，トランスポート層

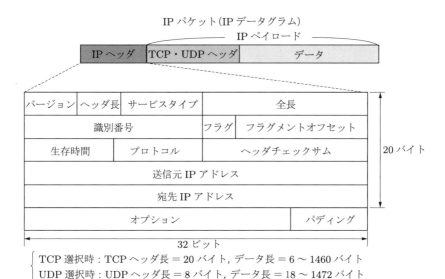

図 6.3　IPv4 パケットの基本フォーマット

表6.3　IPv4ヘッダ部の各フィールドの役割

フィールド	ビット	概要
バージョン	4	IPヘッダのバージョン番号の情報．v4の場合，「4」の値が入る．
ヘッダ長	4	ヘッダ長フィールドはIPヘッダ部分（固定長部分＋オプション部分）のサイズを示す．通常20バイトであるが，オプション追加時に最大60バイトまで拡張できる．
サービスタイプ	8	IPパケットの優先度などを表すTOS(type of service)を指定する．特定の値が指定された場合，他パケットよりも優先してルーティング処理を行う．
全長	16	IPヘッダを含むパケットの全長を示す．パケット長やデータグラム長ともよばれる．
識別番号（ID）	16	個々のパケットを識別するための情報を示す．パケットが複数に分割された際，識別番号に基づいて受信側で正しく組み立て処理ができる．
フラグ	3	パケット分割における制御情報を示す．上述したフラグメンテーションにおいて，分割の継続性や分割可否などの判定に利用される．
フラグメントオフセット	13	フラグメント（分割）された元パケットの位置を示す．
生存時間	8	このフィールドに適当な数値をセットし，決められた生存時間しかパケットが利用できないようにする．ただし実際には，途中のルータなどの通過台数の設定値に対応する．
プロトコル	8	上位層（トランスポート層）のプロトコル種別を示す番号に対応する．たとえば，上位層プロトコルがTCPの場合，プロトコル番号は「6」になる．
ヘッダチェックサム	16	ヘッダ部分のチェックサム（整合性を検査するためのデータ）を示す．IPプロトコルでは，このフィールドの値に基づいて，IPヘッダの破損の有無をチェックする．
送信元IPアドレス	32	送信元のIPアドレスを示す．
宛先IPアドレス	32	宛先のIPアドレスを示す．
オプション	可変長	通常は使用されないが，IPパケットの通過のログ（時間の記録）やルーティング設定などのテスト向けに利用されることがある．
パディング	可変長	通常は使用されないが，上記オプションを使用した際には，IPヘッダ長が32ビットの整数倍にならない場合がある．その際，32ビットの整数倍になるように，「0」の値をパディングして調整する．

のヘッダ種別により，TCP/UDPペイロードの長さは異なる．ここで，IPv4ヘッダ部の各フィールドの役割を表6.3に示す．

　IPv4パケットの全体長を示すフィールドは16ビットであるため，最大 $2^{16} - 1$ = 65535バイトとなる．ただし，イーサネットなどのネットワークインターフェース層では，転送可能なデータ長に制限がある（イーサネットの例では1500バイト）．この最大データ長はMTU（maximum transfer unit）とよばれ，これを超える場合はIPパケットを小さい断片（fragment）に分割してネットワークインターフェース層へ引き渡す必要がある．いちどに送信することができない長さのIPパケットを，いくつかに分割して送信するという技術は，IPフラグメンテーションとよばれる．このとき，分割および再構成時の識別子として「識別番号」，「フラグ」，「フラグメントオフセット」などのフィールドが活用される．

(2)　IPv6パケットの基本フォーマット

　IPv6パケットのヘッダ部の基本フォーマットを図6.4に示す．また，IPv6ヘッダ部の各フィールドの役割を表6.4に整理する．IPv4ヘッダと比較すると，ヘッダ長が40バイトに設定され，2倍の長さとなっているが，フィールド数が少なく，より単純な構成となっている．またIPv6では，トラヒッククラスフィールドやフローラベルフィールドにより，サービスクラスの設定が可能となっている．

　なお，ヘッダは固定長であるが，8バイトの整数倍となる拡張ヘッダを複数個追加することができる．拡張ヘッダの例としては，転送過程の経由ノードを指定する「ルーティングヘッダ」，通信相手をチェックする「認証ヘッダ」，データ転送時に盗聴や改ざんなどを防ぐ「暗号化ペイロードヘッダ」などが挙げられる．

図6.4　IPv6パケットのヘッダ部の基本フォーマット

表6.4　IPv6ヘッダ部の各フィールドの役割

フィールド	ビット	概要
バージョン	4	IPヘッダのバージョン番号の情報. v6の場合,「6」の値が入る.
トラヒッククラス	8	IPv4ヘッダのサービスタイプフィールドに相当する. トラヒッククラスフィールドでIPv6パケットの優先度をつけることができる.
フローラベル	20	IPv6で新たに定義されたフィールドであり, アプリケーションフロー向けの識別子に対応する. 転送経路の品質確保向けなどに利用する.
ペイロード長	16	ヘッダを除いたパケットの残りのサイズを示す.
次ヘッダ	8	プロトコル番号に相当するフィールドであり, IPv6ヘッダの上位のプロトコルのヘッダ, または, IPv6拡張ヘッダを記述する.
ホップリミット	8	IPv4ヘッダの生存時間に相当するフィールドであり, ルータやレイヤ3スイッチを通過するごとに一つ減らし, 0になるとパケットを破棄する.
送信アドレス	128	送信元のIPv6アドレスを示す.
宛先アドレス	128	宛先のIPv6アドレスを示す.

(3)　TCPヘッダの基本フォーマット

　TCPヘッダの基本フォーマットを図6.5に示す. また, TCPヘッダ部の各フィールドの役割を表6.5に整理する. TCPヘッダには, 送信側と受信側（宛先）のアプリケーションを特定するためのポート番号が記述される. ここで, ポート番号とは, IPヘッダ部のプロトコル番号と同様に, 上位層のプロトコル（アプリケーション）の識別子に相当する. ポート番号はICANNが管理しており, 正式に登録され

図6.5　TCPヘッダの基本フォーマット

表6.5 TCPヘッダ部の各フィールドの役割

フィールド	ビット	概要
送信元ポート番号	16	送信元のポート番号を示す.
宛先ポート番号	16	宛先のポート番号を示す.
シーケンス番号	32	送信したデータの順序を示す. 送信するデータ1バイトごとに, シーケンス番号を一つずつ増やす処理を行う.
確認応答番号	32	相手から受信したシーケンス番号（確認応答番号）を示す. 受信が完了したデータ位置のシーケンス番号 + 1を返す.
データオフセット	4	TCPヘッダの長さを示す.
予約	6	全ビットに「0」が入る. 将来の拡張のために用意されている.
コントロールフラグ	6	6種類のフラグに利用される. URG：緊急データが含まれていることを示す. ACK：確認応答が有効であることを示す. PSH：送信処理の緊急性を示す. RST：コネクションのリセット条件を示す. SYN：コネクションを確立する場合のフラグ. FIN：コネクションを切断する場合のフラグ.
ウィンドウサイズ	16	受信側がいちどに受信できるデータ量を, 送信側に通知するために使用される. 送信側は, この値のデータ量を超えて送信することはできない.
チェックサム	16	TCPセグメントの誤り検出に利用される.
緊急ポインタ	16	コントロールフラグのURGの値が「1」である場合にのみ使用される. 緊急データの開始位置を示す情報が入る.
オプション	可変長	最大セグメントサイズの通知などのオプション向け.
パディング	可変長	TCPヘッダの長さを32ビットの整数にするために, 「0」の値をパディングして調整する.

ている番号0～1023については, ウェルノウンポート番号とよばれる（ポート番号の例として, FTP：21, HTTP：80, SNMP：161, RIP：520などがある）.

また, IPアドレスとポート番号の組み合わせはソケットとよばれ, コンピュータのネットワークインターフェースとして利用される.

(4) UDPヘッダの基本フォーマット

UDPヘッダの基本フォーマットを図6.6に示す. また, UDPヘッダ部の各フィールドの役割を表6.6に整理する. UDPはコネクションレス型のプロトコルであり, TCPに比較して負荷が軽く, 簡易な機能を提供する. 一方で, パケット

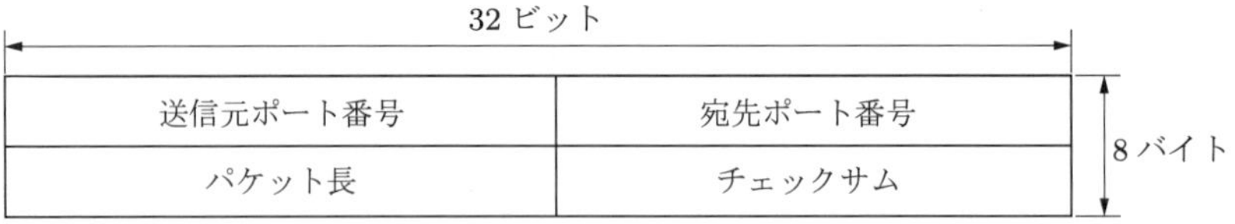

32 ビット

送信元ポート番号	宛先ポート番号
パケット長	チェックサム

8 バイト

図 6.6　UDP ヘッダの基本フォーマット

表 6.6　UDP ヘッダ部の各フィールドの役割

フィールド	ビット	概要
送信元ポート番号	16	送信元のポート番号を示す.
宛先ポート番号	16	宛先のポート番号を示す.
パケット長	16	UDP ヘッダとデータ長を合わせた UDP セグメントの長さを示す.
チェックサム	16	UDP ヘッダとデータ部分の誤り検出のために使用される.

の順序制御などの信頼性を保証せず，ヘッダも 8 バイトしかなく，TCP ヘッダに比較してフィールド長が限られている．UDP は，高速性や実時間性（リアルタイム性）を要求されるアプリケーションに利用される．

6.3.2 ■ IP アドレス

IP アドレスは，インターネット（IP ネットワーク）に接続された通信機器を把握する際の識別番号である．郵便物を送る際の住所（address）に相当し，ソフトウェアによって設定される．通信機器のネットワークインターフェースカード（NIC）に割り当てられた，ハードウェア固有の識別番号である MAC アドレスが物理アドレスとよばれるのに対して，IP アドレスはネットワーク層の論理アドレスともよばれる．

IP アドレスには，前述したように，32 ビット長の IPv4（version 4）と 128 ビット長の IPv6（version 6）の 2 種類が存在する．IP アドレスは「IP アドレスポリシー」とよばれる方針に基づき，ICANN を頂点として階層的に管理されている．また，国内では，日本ネットワークインフォメーションセンター（JPNIC：Japan Network Information Center）が管理を委任されている．

（1）　IPv4

IPv4 アドレスは，当初，IP ネットワーク（あるいは LAN）を構成する通信端末の台数に応じて，クラス分けされていた．クラス A は大規模ネットワーク用（一

つのネットワークあたり最大約 1600 万台），クラス B は中規模用（一つのネットワークあたり最大約 65000 台），クラス C は小規模用（一つのネットワークあたり最大 254 台），クラス D はマルチキャスト指定用，クラス E は予約済みで使用できないアドレスとなっている．ここで，各クラス別のアドレス構成を図 6.7 に示す．この図において，クラス A～C については，クラス種別を含むネットワーク番号を示す「ネットワーク部」と，ホスト番号を示す「ホスト部」から構成され，「クラスフルアドレス」とよばれる．ネットワーク部およびホスト部は，通信端末が所属するネットワークとホストの情報に対応し，両者を一定のビット長単位で識別する方法は「クラスフル方式」とよばれる．

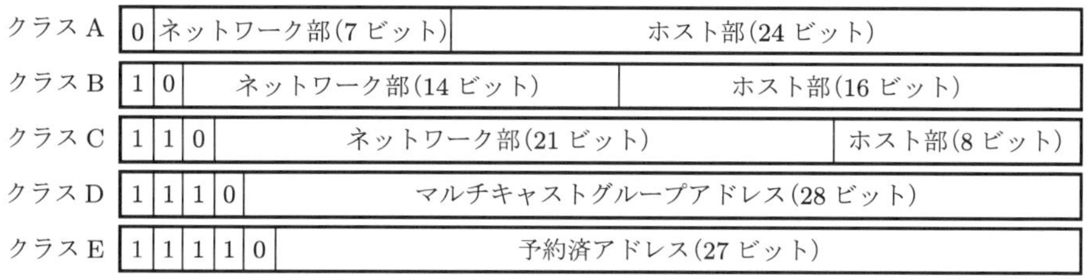

クラス A	0	ネットワーク部（7 ビット）	ホスト部（24 ビット）		
クラス B	1	0	ネットワーク部（14 ビット）	ホスト部（16 ビット）	
クラス C	1	1	0	ネットワーク部（21 ビット）	ホスト部（8 ビット）
クラス D	1	1	1	0	マルチキャストグループアドレス（28 ビット）
クラス E	1	1	1	1	0 予約済アドレス（27 ビット）

図 6.7　IPv4 のアドレス構成

しかし，この方式はネットワーク規模によって単純にクラス分けしたため，膨大な余剰アドレスを生む原因となった．そのため現在では，8 ビットという単位に縛られることなく，任意のビット単位でネットワーク部とホスト部の境界を定められる「クラスレス」とよばれる技術が採用されている．

クラスレス方式は，上述したクラス A～C に属するホスト部を，サブネットとよばれる複数の論理的な領域に分割する．サブネットとは，一つの組織に割り当てられた大きなアドレス単位を，運用管理しやすい大きさに分割した下位のネットワーク空間に相当する．このとき，元のネットワーク部とサブネット部を合わせたパートは，広義のネットワーク部とよばれる（図 6.8 参照）．クラスフル方式と異なり，ホスト番号の長さが固定ではないことから，IP アドレスの運用に際しては，

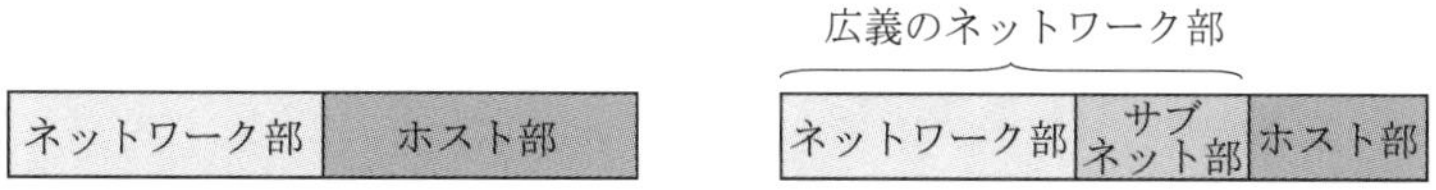

広義のネットワーク部

| ネットワーク部 | ホスト部 |

| ネットワーク部 | サブネット部 | ホスト部 |

（a）クラスフルの IP アドレス　　　（b）サブネット化された IP アドレス

図 6.8　クラスフルとクラスレスの IP アドレスの基本構成

広義のネットワーク部とホスト部の境界を識別する処理が必要となる．この処理に際して，サブネットマスクを用いる方法と，プリフィックス長（あるいはプレフィックス長）を用いる方法が用いられる．

　サブネットマスク（subnet mask）とは，IP アドレスのネットワーク部とホスト部を識別するために使う数値であり，IPv4 の場合は 32 ビット，IPv6 の場合は 128 ビットとなる．IPv4 アドレスにおいて，たとえば，前方 24 ビットを広義のネットワークアドレス，後方 8 ビットをホストアドレスとすると，サブネットマスクは，24 個の 1 と 8 個の 0 が並んだ「11111111 11111111 11111111 00000000」と表記される．

　ここで，前方 24 ビットがネットワークアドレスとなる IP アドレス 192.168.123.132（10 進数表記）に対するサブネットマスクの設定例を図 6.9 に示す．この図が示すように，IPv4 アドレスについては，元の 2 進数を 8 ビット単位で区切り，ドットを用いて 4 組に分割し，それぞれブロック単位を 10 進数表記とすることが一般的である．

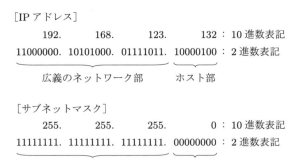

図 6.9　IPv4 アドレスとサブネットマスクの関係例

　一方，プリフィックス長を用いる場合は，広義のネットワーク部を示すプリフィックス長を，記号「/」を用いて IP アドレス横に明示する．たとえば，図の例（プリフィックス長 = 24 ビット）では，192.168.123.132/24 と表記する．このとき，プリフィックス長を用いる表記法は，可変長サブネットマスク（VLSM：variable length subnet mask）ともよばれる．

　当初，インターネットに接続されるコンピュータなどの通信端末には，すべて固有の IP アドレスが設定された．しかし，インターネットの急激な普及に伴い，IP アドレス（IPv4 アドレス）を使いきってしまうリスクが懸念されるようになった．

こうした背景より，限られた IP ネットワーク内のみで自由に使用可能な，プライベート IP アドレスが提案された．すべての通信端末がインターネットからアクセスできる必要はないという概念のもとに，企業や学校などの団体が使用する LAN 内には，一定の範囲のプライベート IP アドレスを割り当てる方針が立てられた．なお，プライベート IP アドレスの範囲は RFC 1918 で規定されており，通常はその範囲内で規模に応じたクラス別に設定される．一方，世界で唯一の値として，重複使用されないように割り当てられている IP アドレスは，グローバル IP アドレスとよばれる．現在では，企業などの LAN と外部の WAN 間を中継するルータなどに対して，グローバル IP アドレスを割り当てる方針が確立されている．

　プライベート IP アドレスは，当初，インターネットへ接続しない IP ネットワーク内で利用されていた．しかし，グローバル IP アドレスとプライベート IP アドレスの間でアドレスを変換する NAT（network address translation）技術の提案により，プライベート IP アドレスが割り当てられた通信端末でも，インターネットに接続することが可能となった．NAT は，アドレスが枯渇している IPv4 向けの技術であるが，IPv6 でもセキュリティ対策用として，さらには IPv4 と IPv6 の相互通信用として利用される．また，IP アドレスだけではなく，TCP や UDP のポート番号を変換する NAPT（network address ports translation）技術も登場し，一つのグローバルアドレスで複数の通信端末間の通信が可能となった．

　NAT は，プライベートアドレスが割り当てられた IP ネットワークと，グローバルアドレスが割り当てられた外部の IP ネットワーク（インターネット）の中継点において，ルータやファイアウォールにより実行される．図 6.10 のように，NAT では，プライベートアドレス空間から外部の IP ネットワークへパケットが送信さ

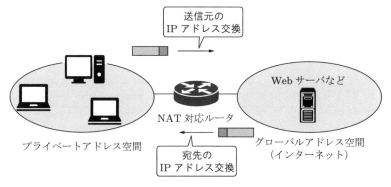

図 6.10　プライベートアドレスとグローバルアドレスの変換

れるときは，IP パケットの送信元 IP アドレスが変換される．一方，外部のインター
ネット側からプライベートアドレス空間へパケットが送信されるときは，宛先 IP
アドレスが変換される．このとき，NAT プールとよばれる変換後のアドレスリス
トを使い，複数のプライベートアドレスを複数のグローバルアドレスに対応づける
動的 NAT と，一つのローカル IP アドレスをつねに同じ一つのグローバルアドレ
スに変換する静的 NAT に分けられる．

(2)　IPv6

　IPv6 アドレスは，IPv4 のクラスと同様に，IPv6 アドレスの先頭のビットパター
ンにより識別する．IPv6 アドレスの分類例を図 6.11 に示す．この図が示すように，
IPv6 アドレスは「ユニキャストアドレス」，「エニーキャストアドレス」，「マルチキャ
ストアドレス」に大別される．それぞれのアドレスの基本構成を図 6.12 に示す．

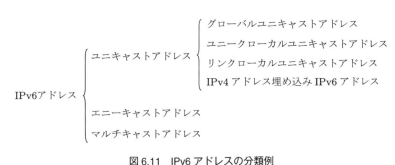

図 6.11　IPv6 アドレスの分類例

サブネットプリフィックス	インターフェース ID

（a）ユニキャストアドレス

サブネットプリフィックス	すべてのビット 0

（b）エニーキャストアドレス

1111 1111	フラグ	スコープ	グループ ID

（c）マルチキャストアドレス

図 6.12　IPv6 アドレスの基本構成

■ユニキャストアドレス

ユニキャストアドレスは，単一の通信端末にパケットを送信するために用いられ，固有の識別番号として割り当てられる．サブネットプリフィックス部とインターフェース ID より構成され，それぞれ IPv4 アドレスのネットワーク部とホスト部に対応する．プリフィックス長は，IPv4 と同様に記号「/」を用いて，「IPv6 アドレス / プリフィックス長」という形式で表示する．

ユニキャストアドレスは，パケットの到達範囲や用途などにより，以下のように分類される．

・グローバルユニキャストアドレス：IPv4 のグローバルアドレスに相当し，すべての IPv6 アドレス体系で一つのみの識別番号となる．

・ユニークローカルユニキャストアドレス：IPv4 のプライベートアドレスに相当し，プライベートアドレス空間でのみ有効である．外部ネットワークと通信を行う際には，NAT が必要となる．

・リンクローカルユニキャストアドレス：基本的には隣接する通信機器との通信にのみ使用され，インターネットへの接続は想定していない．

・IPv4 アドレス埋め込み IPv6 アドレス（IPv4 射影 IPv6 アドレス）：IPv6 アドレスが設定された通信端末が，IPv4 しかサポートしていない通信端末と通信する際に使用される．

■エニーキャストアドレス

エニーキャストアドレスは，特定のグループ配下などの複数の通信端末に割り当てるアドレスである．エニーキャストアドレスを指定してパケットを送信すると，事前に設定したグループ内で経路的にもっとも近い通信端末にのみ到達し，ほかの通信端末には転送されないよう制御される．エニーキャストアドレスは，ユニキャストアドレス空間から割り当てられ，表記上ではユニキャストアドレスと区別できない．

■マルチキャストアドレス

マルチキャストアドレスは，特定のグループに所属しているすべての通信端末にパケットを送信するために利用される．マルチキャストアドレスの上位 8 ビットは「1111 1111」に対応し，続くパートは，マルチキャストの役割を示すフラグ，マルチキャストの有効範囲（パケットの転送範囲など），グループ ID より構成される．

■その他の特殊アドレス

その他の特殊アドレスとして，未指定アドレス，ループバックアドレスなどを挙げることができる．未指定アドレスは，すべてのビットが 0 のアドレスとして定義され，通信端末にアドレスが存在しないことを示している．ループバックアドレス（最後のビットのみ 1 で，ほかは 0）は，自身宛に通信を行う際，パケットの宛先アドレスとして使用される．

なお，IPv6 アドレスは 128 ビット長であるため，IPv4 のように 10 進数で表現すると，16 桁の数値が並ぶことになる．このため，通常は 128 ビットのアドレスを 16 ビットの単位のフィールドで区切り，コロン「：」を挿入したうえで 16 進数を用いて表記する（図 6.13 参照）．このとき，ビットがすべて 0 のフィールドが連続している場合，その間の 0 をすべて省略して 2 重コロン「：：」の形式に省略可能（ただし，二つ以上同じパターンがある場合，一つのみに適用可）などのルールが存在する．

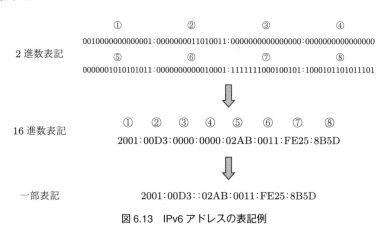

図 6.13　IPv6 アドレスの表記例

6.3.3 IPv4 と IPv6 の共存技術

IPv4 が広く利用されている現状において，IPv6 が普及するまで長い期間を要することが予想される．しかし，IPv4 と IPv6 は互換性がなく，相互接続ができない．現状では，「IPv4 で動作する通信端末（IPv4 端末）」，「IPv6 で動作する通信端末（IPv6 端末）」，「IPv4/IPv6 で動作するデュアルスタック端末（IPv4/IPv6 端末）」が，IPv4 アクセスネットワーク，IPv6 アクセスネットワーク，IPv4/IPv6 デュアルアクセスネットワークなどを介して，IPv4/IPv6 インターネットへ接続され

る．このときの共存技術は，「トンネリング方式」，「デュアルスタック方式」，「トランスレータ方式」などに分けられる．

(1) トンネリング方式

トンネリングとは，二つの通信端末（あるいは拠点間）に仮想的な回線（トンネル）を設定することを意味する．トンネリング方式の例として，「IPv4 over IPv6 トンネル（4 to 6）」，「IPv6 over IPv4 トンネル（6 to 4）」，「ISATAP（Intra-Site Automatic Tunnel Addressing Protocol）」，「Teredo（tunneling IPv6 over UDP through Network address Translations）」，「MPLS（7.1 節参照）」などがある．

IPv4 over IPv6 トンネルは，IPv4 ネットワーク間に IPv6 ネットワークが中継ネットワークとして存在する条件で利用される（図 6.14 参照）．このとき，IPv4 ネットワーク上の通信端末から送信された IPv4 パケットは，中継点（パケット変換ルータ）においてカプセル化（IPv6 パケット化）され，IPv4 ネットワーク内では再び IPv4 パケットの形式で転送される．この処理は，IPv6 ネットワーク上に IPv4 パケットが転送可能な仮想回線が設定されると解釈できる．パケット変換ルータは，IPv4 パケットに記載された宛先と経路情報より IPv4 over IPv6 トンネリングを判定し，カプセル化や解除の処理を行う．一方，IPv6 over IPv4 トンネルは，IPv6 ネットワーク間に IPv4 ネットワークが中継ネットワークとして存在する条件で利用される．

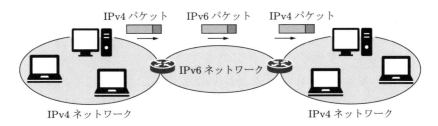

図 6.14　IPv4 over IPv6 トンネル

ISATAP は，IPv4 ネットワーク上の IPv4/IPv6 デュアルスタック端末を IPv6 ネットワークへ接続する際に利用される．この方式では，IPv4 ネットワークと IPv6 ネットワークを中継する点に設置された ISATAP ルータ（リレールータ）と，IPv4/IPv6 デュアルスタック端末間で，ISATAP トンネルが設定される（図 6.15 参照）．通信の開始に際して，IPv4/IPv6 デュアルスタック端末が ISATAP ルータに向けて，IPv6 パケットを IPv4 によってカプセル化して送信し，受信した

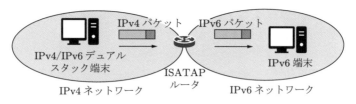

図 6.15　ISATAP 方式による処理

ISATAP ルータが IPv6 ネットワークへ転送する.

　Teredo は，IPv6 over IPv4 トンネリングプロトコルの一つであり，IPv6 パケットを IPv4 の UDP パケットにカプセル化し，インターネット上にある Teredo サーバと連携して処理する. また，MPLS では，MPLS ヘッダ内にパケット種別を反映させてカプセル化し，転送する方法をとる（7.1 節参照）.

(2)　デュアルスタック方式

　デュアルスタック（IPv4/IPv6 デュアルスタック）とは，一つの通信端末に IPv4 と IPv6 両方の IP アドレスを設定し，IPv4 と IPv6 を共存させる仕組みを指す. IP ネットワークに接続する 1 台の通信端末は，IPv4 対応機器と通信を行う際には IPv4 を使用し，IPv6 対応機器と通信を行う際には IPv6 を使用する方法を採用することで，二つのプロトコルを共存させることができる. 図 6.16 は，デュアルスタック方式による相互接続例を示しており，IPv4 端末と IPv6 端末は直接的に接続できないが，IPv4 端末とデュアルスタック端末間および IPv6 端末とデュアルスタック端末間では，通信が実現できることを意味している.

(3)　トランスレータ方式

　互いに直接通信できない IPv4 端末と IPv6 端末間で，双方向のアドレス変換をするトランスレータ（変換器）を用いる方法もある. トランスレータを実装する代

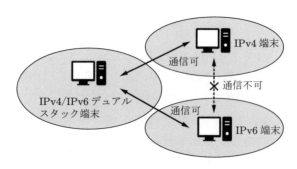

図 6.16　デュアルスタック方式による相互接続

表的な技術として，NAT-PT（NAT-Protocol Translation）方式や，Proxy 方式
などがある．NAT-PT 方式は，IPv4 パケットと IPv6 パケットのヘッダ部を変換
し，IPv4 ネットワークと IPv6 ネットワーク間の通信を実現する．一方，Proxy
方式は，アプリケーションレベルで送信元の代理になって通信を実行する．たとえ
ば，IPv4 端末がインターネット上の IPv6 サーバに Web アクセスする場合，直接
接続するのではなく，IPv4 と IPv6 の両方に対応する Proxy サーバ（代理サーバ）
経由で接続する例などが想定される．

　Proxy 方式による Web アクセスの仕組みを図 6.17 に示す．この図は，IPv4 端
末から IPv4 ネットワーク上に存在する Web サーバ（IPv4）に直接アクセスする
ことはできるが，IPv6 ネットワーク上に存在する Web サーバ（IPv6）に対して
は Proxy サーバ経由でアクセスする例を示している．

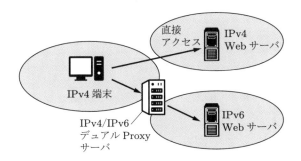

図 6.17　Proxy 方式による Web アクセス例

6.4　IP パケットの転送制御技術

　TCP/IP 階層モデルのトランスポート層の主要プロトコルとして，TCP と UDP
が規定されている．IP 技術を用いて通信を行う際には，利用するサービス種別に
応じて，いずれかのプロトコルを選択する．TCP はコネクション型，UDP はコ
ネクションレス型にそれぞれ対応する．

6.4.1　TCP と UDP の特徴

　TCP と UDP は，上位層で利用するアプリケーション（プロトコル）の種別に
応じて選択される．TCP はデータ送受信の前に，コネクションとよばれる仮想的
なパス（通信経路）を送受信間で確立する．その後，受信端末では，データを受信
するたびに確認応答を行い，終了後にコネクションを開放する．TCP では，パケッ

ト損失時の再送制御やパケット順序制御などが導入され，データ送信時の信頼性はある程度保証される．一方，コネクションレス型の UDP は，データ転送に際して信頼性を保証する機能をもたず，簡易なメカニズムのみ提供する．このため，データ転送時の処理負荷は軽く，実時間性・高速性が要求されるアプリケーションに向いている．ただし，TCP に比較して，データを送信する際の信頼性は大幅に低下する．こうした特徴の違いから，TCP と UDP はアプリケーションの種別によって使い分けられる．

　表 6.7 に，TCP と UDP の特徴と，利用するアプリケーションの例を示す．

表 6.7　TCP と UDP の比較

特徴　　＼　　プロトコル名	TCP	UDP
通信方式(タイプ)	コネクション型	コネクションレス型
信頼性	高	低
接続形態	1：1	1：1，1：N
処理負荷	相対的に重い	相対的に軽い
パケット損失時の対応	再送機能あり	再送なし
アプリケーションの特定	TCP ヘッダ内のポート番号	UDP ヘッダ内のポート番号
上位プロトコルの例（ポート番号）	HTTP（80），HTTPS（443），FTP（20/21），SMTP（25），SMTPs（465），POP3（110），POP3s（995），IMAP4（143），IMAP4s（993），DNS（53）など	TFTP（69），DNS（53），DHCP（67/68），SNMP（161/162），Syslog（514），NTP（123），RTP（5004/5005/ほか）など
アプリケーション例	ファイル転送，電子メール，Web 閲覧など	音声通信，映像配信，マルチキャスト通信，DNS サービスなど

6.4.2 ■ TCP の処理フロー

　TCP によるデータ転送の流れを，図 6.18 に示す（なお，TCP ヘッダのフォーマット構成は，図 6.5 および表 6.5 参照）．この図が示すように，TCP によるデータ転送の流れは，「コネクションの確立フェーズ」，「データ転送のフェーズ」，「コネクションの終了（開放）フェーズ」に分けられる．

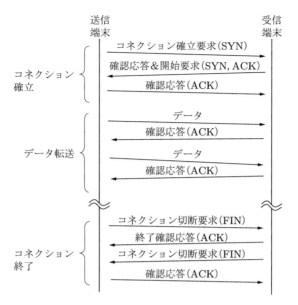

図6.18　TCPによるデータ転送の流れ

(1)　コネクションの確立フェーズ

　TCPはデータ送受信の前に，コネクションとよばれる仮想的なパス（通信経路）を送受信端末間で確立する．このときのコネクションの確立動作は，「送信元（送信端末）から送信先（受信端末）への要求」，「送信先（受信端末）からの確認応答」，「送信元（送信端末）からの確認応答」というステップからなり，3ウェイハンドシェイクとよばれる．まず，送信端末からTCPヘッダのSYN（synchronize）フラグをセットしたパケットが，送信先の受信端末に送信される．そして，受信端末では，TCPヘッダのSYNとACK（acknowledgement）のフラグを設定した確認応答を返信する．続いて，送信端末から確認応答（ACK）を受信端末に返送して，コネクションが確立する．

　なお，TCPでは，コネクション確立フェーズでいちど相手を特定すると，コネクション終了フェーズまでの間，コネクション確立フェーズを省略して，データ転送だけで通信を行うことができる．

(2)　データ転送のフェーズ

　送受信端末間でのコネクション確立後，送信端末からのデータ送信が開始される．このとき，送信されるTCPヘッダには，送信順序を示すシーケンス番号が格納さ

れる．そして，データを受信した受信端末は，確認応答（ACK）を送信端末に返信する．このとき，確認応答には，次のデータ送信を要求するシーケンス番号（送信端末からのシーケンス番号 + 1）が格納される．確認応答を受けた送信端末は，次のデータが送信可能となる．シーケンス番号は，受信データを正しい順番で並び替えるために利用される．

　なお，送信データ量が多いケースでは，受信端末からの ACK 応答の確認が通信効率の低下を引き起こす．このため，後述するウィンドウ制御とよばれる方式が採用されるようになった．

　また，データ転送のフェーズでは，データ転送の信頼性を確保するため，TCP プロトコルは送信データに対する確認応答（ACK）をチェックする．そして，一定時間 ACK が返ってこない場合には，送信を再度実行する．このとき，一定回数再送しても ACK が返ってこない場合には，RST（reset）フラグを送信して，コネクションを強制終了させて初期状態とする．監視時間と再送回数の決め方には複数の方法があるが，TCP の通信に要した往復時間をもとにして可変にできる仕様になっている．

(3)　コネクションの終了フェーズ

　送信端末からのデータ送信の終了後，TCP ヘッダの FIN（finish）フラグをセットしたパケットが，相手先の受信端末に送信される．受信端末は FIN フラグを受信したあと，確認応答（ACK）とコネクション切断要求（FIN）を返信する．送信端末が確認応答を返信し，コネクション終了フェーズは完了する．

　以上で示したように，TCP は信頼性の高い通信を実現する観点より，送受信端末間での応答確認などを行う．TCP によるデータ転送制御は，その目的や処理内容に応じて，以下のタイプに分類できる．

■ウィンドウ制御

　TCP では，セグメントという単位でデータを分割すると同時に，受信端末からの確認応答（ACK）を待って次のデータを送信する処理を反復する．ウィンドウ制御では，受信端末のバッファ容量範囲で，複数のセグメントをまとめた単位でいちどに転送する方法により，伝送効率が改善される．まとめて送信可能なデータ容量は，ウィンドウサイズとよばれ，データ送信に先立って受信端末から通知される．また，送信端末が，確認応答を受け取るまでに送出可能なデータ範囲（ウィンドウ）

を徐々にスライド（シフト）させながらデータ送信を行う仕組みは，スライディング制御（スライディングウィンドウ制御）とよばれる．**図 6.19** は，ウィンドウ制御の例を示しており，図(a)は 1 セグメント単位（ウィンドウサイズ = 1000）でのデータ送信例，図(b)はウィンドウ制御によるデータ送信例（ウィンドウサイズ = 1000 × 3），図(c)はスライディングウィンドウ制御によるデータ送信例（ウィンドウサイズ = 1000 × 3）に対応する．

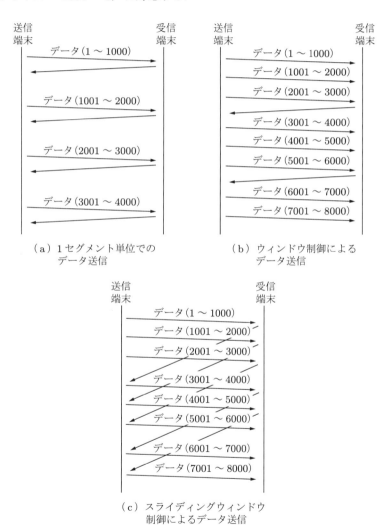

図 6.19　ウィンドウ制御，スライディングウィンドウ制御によるデータ送信

■ **再送制御**

受信端末からの確認応答（ACK）が一定時間内に返信されない場合に，データが損失したと判定して再度データを送信する処理は，再送制御とよばれる．TCPでは，パケットを送信するたびに ACK が返信されるまでの時間（ラウンドトリップタイム，RTT：round trip time）を計測し，再送の必要性を判定する．

■ **輻輳制御**

IP ネットワーク内が混雑し，パケットの転送遅延などが発生する状態は，輻輳とよばれる．輻輳を検知した場合にデータ転送量を抑制するための処理が輻輳制御であり，ウィンドウ制御をベースに実行される．代表的な例としては，送信端末において，いちどに送出するデータ量（ウィンドウサイズ）を徐々に増加させ，輻輳を検知するとウィンドウサイズを低減させる仕組みが挙げられる．図 6.20 は，TCPによる輻輳制御処理の例で，輻輳の検知後にデータ転送量が低下することを示している．なお，あるデータの送信を開始する際，適切なデータ送信レートは必ずしも明確ではない．そのため，通信開始時にデータ送信量を抑制する，スロースタートとよばれるアルゴリズムが提案されている．

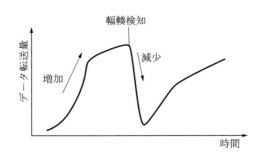

図 6.20　輻輳制御処理

■ **フロー制御**

多数の送信端末が同時にデータを送信して負荷が増えると，受信端末においてデータを処理しきれない状況が発生する．こうした場合，受信端末はウィンドウサイズを減少させて，送信端末に通知する．一方，受信可能な状態に回復した場合，ウィンドウサイズを増やし，再度送信端末へ通知する．このようなデータ量を調整する処理は，フロー制御とよばれる．

6.4.3 ■ UDP の処理フロー

UDP はコネクションレス型のプロトコルであり，データ送信に際して，TCP のようなコネクションの設定や確認応答などを実施しない．データの再送制御やエラー処理は，アプリケーションやほかのプロトコルに任せているため，IP ネットワークに輻輳が発生したときなどの信頼性の点では TCP に劣る．一方，負荷は軽くリアルタイム性に優れている．このため，UDP は，映像配信や音声通信などリアルタイム性が要求されるアプリケーション，総パケット数が限られた通信，LAN などの特定のネットワークに限定したアプリケーション，同報性が要求されるアプリケーション（マルチキャストなど）といった用途に向いている．

6.5 経路制御（ルーティング）

IP パケットは，宛先の IP アドレスに基づいて転送される．宛先端末（受信端末）が送信端末と同じネットワーク内に接続されていない場合，その IP ネットワークがどこに存在するのかを直接的に判断することはできない．このため，宛先となる IP ネットワークの存在する方向を選択する経路制御（ルーティング）が必要となる．経路選択を行う通信機器はルータとよばれ，内部の経路制御表（ルーティングテーブル）を参照して経路制御が実行される．

このとき，経路制御表に記載される情報は，利用するルーティングプロトコルによって異なるが，「IP パケットの宛先として指定される IP ネットワークの情報（ネットワークアドレス，サブネットマスク）」，「転送先の隣接ルータの情報（ネクストホップ）」，「ネクストホップに転送するためにルータが出力する際のポート情報」，「経路選択時のコスト（中継するルータの台数［ホップ数］など）を示すメトリック」などがある．メトリックは，目的の通信端末までに複数の通信経路が存在する場合，より短いものを選択するために活用される．

IP パケットを送信する際の経路制御の概要を図 6.21 に示す．この図において，ネットワーク 1 に所属する通信端末からの IP パケットは，ルータ 1 を経由してネットワーク 2 へ転送されたあと，ルータ 2 を経由してネットワーク 4 内の通信端末に送信される．ルータ 1 やルータ 2 では，内部の経路制御表を参照し，IP パケットの転送先の IP ネットワークを経路制御アルゴリズムに基づいて判定して転送する．もし，ルータ内の経路制御表に適合する IP ネットワークや通信端末の情報がない場合，事前に設定されたデフォルトルートとよばれる通信経路が選択される．

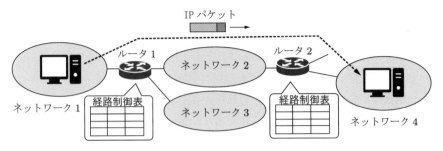

図6.21　IPネットワークにおける経路制御

　転送先となるIPネットワークを接続する通信機器は，デフォルトゲートウェイと
よばれる．

　経路制御表の作成は，ネットワーク管理者が手動で設定する静的経路制御（スタ
ティックルーティング）と，ほかのルータから取得した情報を用いて自動的に更新
していく動的経路制御（ダイナミックルーティング）に分けられる．ただし，相対
的に規模が大きいIPネットワークでは，個別のルータの設定を手動で行うことは
困難である．このため，大規模ネットワークでは動的経路制御が一般的であるが，
意図的に負荷を分散させるようなケースでは，静的経路制御を選択することもある．

　動的経路制御のプロトコルの例として，「RIP（Routing Information Protocol）」，
「OSPF（Open Shortest Path First）」，「BGP（Border Gateway Protocol）」な
どが挙げられ，TCP/IP階層モデルのインターネット層に対応する．各プロトコ
ルの概要を表6.8に示す．この表が示すように，IPネットワークの規模に応じて，
経路制御用のプロトコルが選択される．経路選択に際しては，RIPではホップ数
に基づく距離ベクトル型，OSPFではネットワークの伝送速度（帯域幅）に基づ
くリンク状態型，BGPでは経由するAS数（6.1節参照）などから計算されるパ
スベクトル型のアルゴリズムが用いられる．なお，BGPは，AS間の境界ルータ
が経路制御情報を交換するEBGP（External BGP）と，EBGPで取得した外部
ASの経路制御情報をAS内部の境界ルータで共有するためのIBGP（Internal
BGP）に分類される．

　また，インターネットを構成する階層的な経路制御のプロトコルは，IGP（Interior
Gateway Protocol）とEGP（Exterior Gateway Protocol）に大別できる．IGPは，
同一組織内あるいは同一のASの経路制御に対応し，RIP，OSPFが含まれる．一
方，EGPは異なる組織間（あるいは異なるAS間）の経路制御に対応し，BGPが
含まれる．

表6.8　経路制御プロトコルの分類例

特徴＼プロトコル名	RIP	OSPF	BGP
適用ネットワーク	小規模	中・大規模	大規模
メトリック	ホップ数	ネットワークコスト（おもに帯域幅）	パス属性（経由する AS 情報など）
経路選択アルゴリズム	距離ベクトル型	リンク状態型	パスベクトル型
経路情報の交換に用いるパケット種別	UDP	IP	TCP
経路情報の通知方法	隣接するルータ間で30秒ごとに経路情報を交換	更新情報があるときのみ管理対象領域内のルータに通知	指定したルータにのみ更新情報を通知

6.6　アプリケーション層のプロトコル

　TCP/IP 階層モデルにおいて，トランスポート層以下は，通信を成立させるためのベースとなる機能を実現するのに対し，アプリケーション層は，通信アプリケーションプログラム（ソフトウェア）による付加価値を提供するための役割を担う．このとき，アプリケーション層の役割は，個々のアプリケーションを送受信するための通信経路の確認や開放を実行するための処理と，ファイル転送などの特定のアプリケーション機能に分類される．

　本節では，代表的なアプリケーション層のプロトコルについて述べる．

6.6.1 ■ DNS

　インターネットに接続され，通信処理を行う通信機器（ホスト）には，IP アドレスが割り当てられる．しかし，数列のままでは人が扱いにくいことから，人が認識しやすいように，文字列を用いて表現する．このとき，通信機器名を IP アドレスに変換するアプリケーション層プロトコルとして，DNS（Domain Name System）が用いられる．

　情報検索など幅広く利用されている WWW（World Wide Web）サーバにつけられる名称例を図 6.22 に示す．この図において，インターネット内に存在する通信機器は，所属する IP ネットワークあるいは所属組織を示す文字列（= ドメイン

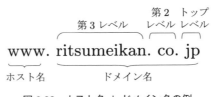

図 6.22　ホスト名 + ドメイン名の例

名）と，そのネットワーク内の通信機器につける識別用の文字列（＝ホスト名）の組み合わせにより表現される．

　このとき，「ホスト名」+「ドメイン名」は，FQDN（Fully Qualified Domain Name：完全修飾ドメイン名）とよばれ，インターネット上の特定の通信機器を指す．図では，このドメイン名のパートが，ドットにより「jp」，「co」，「ritsumeikan」から構成されている．各パートは，それぞれ「トップレベルドメイン（ルートドメイン）」，「第2レベルドメイン」，「第3レベルドメイン」とよばれ，階層構造をなしている．

- ・トップレベルドメイン：日本や英国のような国や地域，商用などを示す．
- ・第2レベルドメイン：企業や教育機関などの組織の種別を示す．
- ・第3レベルドメイン：具体的な組織名などを表すドメインに対応するが，トップレベルドメインの種別によりポリシーが異なる．

また，この例において，ホスト名のパートを第4レベルドメインと表記することもある．

　ドメインという概念は，メールアドレスにも適用される．図6.23に，メールアドレスに関するドメイン名の記載例を示す．この図において，「@」の左右の各パートは，それぞれユーザ名とドメイン名に対応する．この例では，トップレベルから第4レベルまでの四つのパートからドメイン名が構成されていることがわかる．

　表6.9に，トップレベルドメインと第2レベルドメインの具体例を示す．

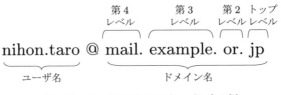

図 6.23　メールアドレスのドメイン名の例

表 6.9 トップレベルドメインと第 2 レベルドメインの名称例

分類		名称例
トップレベルドメイン	国名	.au（オーストラリア），.ca（カナダ），.cn（中国），.jp（日本），.uk（英国）
	個人や団体組織	.com，.net，.org，.biz，.info
第 2 レベルドメイン	団体組織など	.ac（大学など），.co（企業），.ed（学校），.go（政府関連機関），.or（法人），.ne（ネットワークサービス組織など）
	地域ドメインなど	.tokyo，.osaka

DNS は，FQDN より IP アドレスを取得する役割をもつ．FQDN と IP アドレスの変換を行う通信機器が DNS サーバであり，FQDN と IP アドレスの対応関係だけではなく，メールアドレスなどの情報も管理する．DNS サーバは，分散型データベースとして，「ユーザからのアクセスに直接的に対応する DNS サーバ群」と「上位の DNS サーバ群（権威 DNS サーバ）」から構成される．

ここで，ある通信端末（クライアント端末）が Web サイトにアクセスする際の処理の流れを図 6.24 に示す．この図において，ユーザが Web サイトの URL をクライアント端末へ入力すると，指定された DNS サーバ（DNS キャッシュサーバ）へ問い合わせが届く．DNS キャッシュサーバが，要求されたドメイン名と IP アドレスの組み合わせを過去の履歴中に一時保存（キャッシュ）している場合，その情報をクライアント端末に回答する．

DNS キャッシュサーバが該当する履歴を保存していない場合には，上位の DNS サーバ（権威 DNS サーバ群）へ問い合わせを行う．権威 DNS サーバ群は分散シ

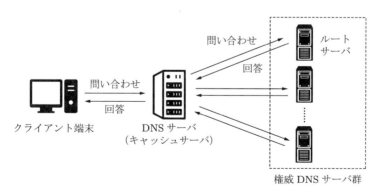

図 6.24 クライアント端末から DNS サーバへの問い合わせの流れ

ステムとして世界中に構築されており，階層構造をもつ．DNSキャッシュサーバは，まず，権威サーバ群の中のもっとも上位のルートサーバ（ルートDNSサーバ）に問い合わせを行う．ルートサーバはトップレベルドメイン（例：jp）をみて，それを管理する権威サーバの問い合わせ先を回答する．次に，該当するトップレベルドメインの権威サーバは，第2レベルドメイン（例：co）をみて，それを管理する権威サーバの問い合わせ先を回答する．同様の動作を繰り返して，最終的にもっとも下位の権威サーバが，適切な問い合わせ先となるDNSサーバの情報，または，要求されたドメイン名のIPアドレスを，DNSキャッシュサーバへ回答する．

6.6.2　■　その他のアプリケーション層のプロトコル例

(1)　DHCP

DHCP（Dynamic Host Configuration Protocol）は，通信端末に対して動的にIPアドレスなどの設定情報を割り当てるように設計されたプロトコルである．DHCPが提案される以前は，人手によりIPアドレスを設定していた．通信端末をIPネットワークに接続すると，IPアドレスを要求するメッセージがDHCPサーバに送信され，承認プロセスを経て，IPアドレスが通信端末に割り当てられる．DHCPはコンピュータだけではなく，ディジタル家電や家庭用ゲーム機器などでも利用される．

(2)　HTTP, HTTPS

HTTP（Hypertext Transfer Protocol）とは，通信端末からインターネット上のWebサイトを閲覧する際に用いられるプロトコルである．HTTPでは，通信端末上のWebブラウザ（閲覧ソフト）が送信するリクエストとWebサーバからの応答により通信が確立され，通信端末の画面上に応答結果として画像などが表示される．通信端末とWebサーバがやりとりする際には，HTML（Hyper Text Markup Language）とよばれる言語が利用される．HTTPS（Hypertext Transfer Protocol Secure）は，SSL/TLSプロトコル（7.2.3項参照）により，WebブラウザとWebサーバ間を暗号化して通信を行う．このため，HTTPに比較して安全性が確保されている．

(3)　FTP, FTPS

FTP（File Transfer Protocol）は，ファイル転送を行うときに用いられるプロトコルである．Webサーバからファイルをダウンロードしたり，アップロードし

たりする際に用いられるが，FTP サーバに接続して遠隔操作する機能などをもつ．ただし，FTP はセキュリティ面で不安があることから，暗号化技術を用いた FTPS（FTP over SSL/TLS）や SFTP（SSH File Transfer Protocol）などが提案されている．

(4) SMTP

SMTP（Simple Mail Transfer Protocol）は，電子メールを送信する際に利用されるプロトコルである．TCP 上で動作しており，メールソフトからメールサーバへのメール送信，あるいは，メールサーバから相手先のメールサーバへの送信に使われる．メールソフトからの送信先となるメールサーバは，SMTP サーバとよばれる．

(5) POP, IMAP

POP（Post Office Protocol）および IMAP（Internet Message Access Protocol）は，電子メールを受信する際に利用されるプロトコルである．POP を利用する場合，メールサーバに届いたメールは，原則としてクライアント端末（メールソフト）にすべてダウンロードしてから閲覧する（現状では，POP3 というバージョンが広く利用されている）．一方，IMAP は，クライアント端末にメールをダウンロードすることなく，メールサーバ上でメールを閲覧する仕組みをとる．IMAP はメールサーバ上で一元的に管理するので，同一アカウントのメールデータを複数の通信端末で共有して利用できる．POP や IMAP によるメールサーバは，それぞれ POP サーバ，IMAP サーバとよばれる．

(6) SNMP

SNMP（Simple Network Management Protocol）は，IP ネットワーク上のルータやスイッチ，サーバ，通信端末など，さまざまな通信機器を遠隔で監視・制御するためのプロトコルである（9.1.2 項参照）．ネットワーク管理端末で用いるソフトウェアは「SNMP マネージャ」，監視や制御の対象となる個々の通信機器に導入されるソフトウェアは「SNMP エージェント」とよばれる．SNMP は，この両者の間の通信手順や送受信されるデータ形式などを定めており，UDP/IP 上で動作する．

SNMP による監視項目の例として，CPU 使用率，メモリ使用率，通信機器の各ポート上で送受信されたパケット数，エラーパケット数，ポート状態などがある．これらの SNMP でやりとりされる通信機器の情報は，MIB とよばれる（9.1.2 項

参照).

演習問題

6.1　OSI 参照モデルと TCP/IP 階層モデルの関係を整理せよ.

6.2　TCP/IP 階層モデルにおいて,送信端末におけるデータのカプセル化の流れを説明せよ.

6.3　IPv4 ネットワークで TCP を使用する際,フラグメント化されることなく送信できるデータの最大長は何バイトとなるか求めよ. ただし,ネットワークの MTU を 1500 バイトとする.

6.4　IPv4 アドレスの構成と各フィールドの役割を整理せよ.

6.5　IPv4 アドレスのクラスフル方式とクラスレス方式の違いを説明せよ.

6.6　IP アドレス 192.168.15.30,サブネットマスク 255.255.255.200 に設定された端末のネットワーククラスを求めよ.

6.7　IPv6 アドレスの分類例を提示せよ.

6.8　IPv6 アドレスの構成と各フィールドの役割を整理せよ.

6.9　IPv4 と IPv6 の共存技術の分類例と特徴を整理せよ.

6.10　TCP と UDP の特徴を比較して整理せよ.

6.11　TCP の処理フローを整理せよ.

6.12　TCP の制御方式の分類例と特徴を整理せよ.

6.13　経路制御プロトコルの分類例と特徴を整理せよ.

6.14　インターネットで用いられるホスト名とドメイン名の概念を説明せよ.

6.15　TCP/IP 階層モデルにおける主要なアプリケーション層のプロトコルの役割を整理せよ.

IP ネットワークの高度化と アプリケーション技術

　1990 年代以降に急速に拡大したインターネットは，世界的規模で接続されている．国内外において，インターネットサービス提供事業者 (ISP)が広域の IP ネットワークを構築し，相互接続される時代となった．近年においては，IP ネットワークの高度化技術に加えて，多様な付加価値サービス（アプリケーション機能）が提供されている．本章では，IP ネットワークの高度化やアプリケーションに関わる MPLS 技術，仮想プライベートネットワーク，IP 技術のアプリケーション例（VoIP ほか），IP ネットワークの品質制御技術について述べる．

7.1　MPLS 技術

7.1.1 ■ MPLS の概要

　インターネットで IP パケットを転送する際，ルータは内部の経路制御表を参照し，IP パケットのヘッダ内に記載された宛先アドレスから転送経路を決定する．ところが，従来のルータの処理性能は低く，以下のような問題を起こすことがあった．

（1）転送経路の選択に際して，一部に偏りが生じる．
（2）障害発生時に経路計算が複雑化して転送遅延が発生する．

　こうした課題に対して，IP ヘッダの代わりに短い固定長の識別子を情報の転送単位（フレーム，パケット）に付加し，高速データ転送を実現する技術として，MPLS（Multi-Protocol Label Switching）が提案された．当初の MPLS 技術は，ATM 交換（4.2.2 項(3)参照）で用いられる VC/VP（仮想チャンネル／仮想パス）の概念に基づいて，各種のパケットネットワークを MPLS ネットワーク上に統合するという設計思想のもとで，IETF により標準化された．しかし現状では，MPLS 技術はおもに大規模通信事業者が運用する IP ネットワークにおいて利用されている．

　MPLS ネットワーク内に転送された情報単位には，経路情報などを記載したラ

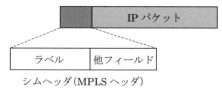

図 7.1　MPLS ヘッダの基本構成

ベルとよばれる識別子（タグ）が付与される．この処理に際して，まず，IP ネットワーク上で MPLS を実現する場合は，シムヘッダとよばれる MLPS ヘッダ（4バイト）が IP パケットに付与され，その中にラベルが格納される．ここで，IP パケットにシムヘッダを付加する際の構成例を図 7.1 に示す．この図において，シムヘッダは，識別子に対応するラベルフィールド（20 ビット）と，その他のフィールドから構成される．その他のフィールドの内容としては，IP ヘッダで定義される概念に対応する生存時間や，フィールド範囲を示す識別情報などがある．一方，ATM ネットワーク上で MPLS を実現する場合は，ATM セルのヘッダ内（VPI/VCI）にラベルを記述する．MPLS ネットワーク内では，ラベルのみを参照して，次のルータにパケットを転送する仕組みをとる．ここで，ラベルを参照してパケットを転送する出発地から目的地までのパス（転送経路）は，LSP（label switched path）とよばれ，LDP（Label Distribution Protocol）というプロトコルにより経路情報が交換される．

　IP ベースの MPLS によるパケットの転送例を図 7.2 に示す．この図において，MPLS ネットワークの境界にあるルータは LER（label edge router）またはエッジ LSR（label switch router, label switching router）とよばれ，パケットのクラ

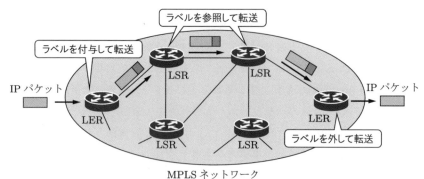

図 7.2　MPLS によるパケットの転送例

ス分けおよびラベル（あるいはシムヘッダ）の付与・除去などを行う．また，MPLS ネットワーク内の LSR は，ラベルづけされたパケットを受信し，ラベルの付け替えを行ったあと，次のルータにパケットを転送する．このとき，MPLS におけるパスは，MPLS ネットワークの境界に置かれた LER 間で一方向に設定される．そして，入口 LER から出口 LER 間までの転送経路は，OSPF などのルーティングプロトコルにより決定される．また，入口 LER から出口 LER までの方向が同一となるパケットの集合は，FEC（forwarding equivalence class）とよばれる．

7.1.2 ■ MPLS の役割

IP ネットワークではパケット転送時に IP ヘッダ（IPv4 の場合 20 バイト）を参照するのに対して，MPLS では MPLS ヘッダ（4 バイト）内のラベルを参照するため，ルータの処理を軽減した高速転送を実現できる．しかし，近年ではハードウェアの進化により，IP パケットの高速転送処理が実現し，MPLS がこの役割を果たす優位性は低下している．現状では，MPLS の応用技術として，「トラヒックエンジニアリング機能」，「IP-VPN」などがある．

(1) トラヒックエンジニアリング機能

IP ネットワークにおいて，RIP や OSPF などのルーティングプロトコルを用いた場合，IP パケットの転送経路は，通常であればルータのホップ数や各リンクのコストなどに基づいて最短経路に決定される．しかし，選択された転送経路が偏った場合には，ネットワーク帯域の使用効率が低下する問題が生じることがある．こうしたケースでは，IP アドレスとは異なる分類によりパケットの転送経路を決定することで，負荷を分散できる．

MPLS では，各パケットに特定のルーティング指示を含むラベルを付加する方法により，通常のルーティングプロトコルで決められるパスとは異なる任意のパスを設定することが可能となる．その具体例として，VPN ユーザ，TCP と UDP の種別，TCP/UDP のポート番号，パケットに設定された優先度などが挙げられ，IP-VPN や品質制御などへの応用展開が実現できる．

(2) IP-VPN（7.2.2 項参照）

電気通信事業者が運用する IP ネットワーク内に，アクセスが許可されたユーザだけが接続できる専用回線は，「仮想プライベートネットワーク（VPN）」とよばれる．MPLS は，元の送信データにラベルを付加し，カプセル化して転送するト

ンネリングを行い，ユーザの識別情報をラベルに付加する方法により IP-VPN を実現できる．

7.1.3　■　GMPLS

MPLS を一般化し，SDH（4.3.3 項参照）などの光ネットワーク上に適用した技術は，GMPLS（Generalized MPLS）とよばれる．GMPLS では，MPLS のラベルの概念を一般化し，「光ファイバのポート（光ファイバパス）」，「光の波長」，「光 TDM のタイムスロット」などをラベルと見立てて，パケットの転送制御を行う．

ここで，GMPLS によるスイッチング階層の基本構造を図 7.3 に示す．この図において，スイッチングの対象例として「光ファイバ種別」，「光の波長」，「TDM のタイムスロット位置」などによるパスでラベルが定義される例が示されている．各区間（光スイッチ間，WDM 装置間，TDM 装置間，MPLS ルータ間）でパスの設定要求がやりとりされ，送信元と宛先ノード間で LSP が設定される．

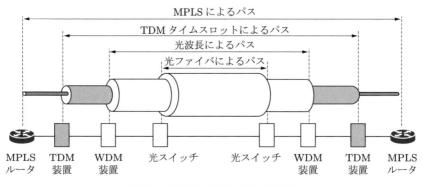

図 7.3　GMPLS のスイッチング階層

GMPLS では，異なる階層のノード間で，送信元と宛先のパスを設定する．図 7.3 で示したようなノードごとに対して制御装置を接続し，それらを連携させることで，GMPLS ネットワーク全体を一元的に管理運用できる．このような GMPLS の制御に関する階層は，制御プレーン（control plane）とよばれる．一方で，実際にデータが流れる階層は，データプレーン（data plane）とよばれる．

7.2　仮想プライベートネットワーク

電気通信事業者が運用する公衆回線などを用いて，企業や大学などの組織の専用

回線として仮想的に構築したネットワークは，仮想プライベートネットワークあるいは仮想私設ネットワーク（VPN：virtual private network）とよばれる．特定組織向けの専用回線を新規導入する必要がなく，コストが大幅に抑えられるメリットがある．ただし，不特定多数のユーザが共有するネットワークを介しているため，セキュリティの脆 弱 性が存在する．このため，データをやりとりする際には，セキュリティ対策を十分に整備する必要がある．

仮想プライベートネットワークは，その形態により，「広域イーサネット」，「IP-VPN」，「インターネット VPN」などに分けられる．

7.2.1 ■ 広域イーサネット

広域イーサネットは，電気通信事業者が提供するイーサネット規格（5.3 節参照）の回線（閉域ネットワーク）を利用し，離れた複数拠点の LAN 間を結ぶものである．ここで，広域イーサネットの基本的な接続構成を図 7.4 に示す．一つの広域イーサネットには数多くのユーザ端末が収容されるため，広域イーサネット側の境界に配置されたエッジスイッチで，ユーザを識別するための VLAN タグ（5.7 節参照）の付与および除去が行われる．エッジスイッチには，仮想的な専用ネットワークが構築できるように経路表が設定されており，付加されたタグをもとに，イーサネットフレームが各ユーザの拠点に振り分けられる．

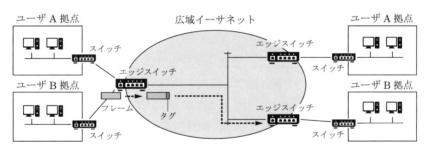

図 7.4 広域イーサネットの接続構成

広域イーサネットは，レイヤ 2 までを規定したネットワークサービスであり，IP 以外のプロトコルが利用できる．また，ユーザが保有するスイッチの出力を，そのままアクセス回線を介して接続できる点も大きなメリットとなる．ただし，提供地域やアクセス回線の選択肢が限られ，さらに導入コストの点ではインターネット VPN より割高になる点が課題となる．

7.2.2 ■ IP-VPN

　IP-VPN は，電気通信事業者が提供する通信回線（閉域ネットワーク）を利用し，IP ネットワークをベースとした仮想回線を構築する．ここで，IP-VPN の接続構成を図 7.5 に示す．IP-VPN からユーザの拠点側に接続されるルータは PE（provider edge）ルータ，ユーザ側のルータは CE（customer edge）ルータとよばれる．また，IP-VPN 内の中継用ルータは，コアルータとよばれることもある．

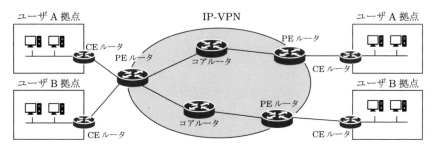

図 7.5　IP-VPN の接続構成

　IP-VPN では，通常は MPLS を用いて IP パケットが転送され，PE ルータは MPLS の LER（図 7.2 参照）に対応する．このとき，各ユーザ拠点から送信された IP パケットには，ユーザ識別用の VPN 識別ラベルと，MPLS ネットワーク内を転送するための網内転送ラベルが付与される．また，IP パケットの転送時に IP アドレスを参照しないため，収容される拠点内の通信端末の IP アドレスに，プライベートアドレスを割り振ることができる．

　IP-VPN は，MPLS を用いた VPN 専用のネットワークであるため，セキュリティ面での安全性が高く，帯域保証などのサービス品質の点でも優れている．一方，接続には電気通信事業者との契約が必要となり，インターネット VPN よりもコストが高くなる傾向にある．ただし，VPN 機器の設定や保守点検まで電気通信事業者に依頼できるため，拠点数が多い企業などには適していると考えられる．なお，比較的安価な光回線や無線回線などをアクセス回線とする場合，IP-VPN とは別にエントリー VPN とよばれることもある．

7.2.3 ■ インターネット VPN

　インターネットを介して仮想プライベートネットワークを構築するアプローチは，インターネット VPN とよばれる．一般的な通信回線を利用して構築できるた

め, 広域イーサネットや IP-VPN に比較して安価に実現することができる. しかし, 不特定多数のユーザが利用するインターネットでは, 不正アクセスによるデータの盗聴, 改ざん, さらに部外者の侵入などのリスクがあり, 安全性の点で課題がある. このため, インターネット VPN では, 通常のルータを直接的にインターネットに接続せずに, VPN 装置や VPN ソフトウェアを介してデータを暗号化する. VPN 装置間では, 部外者が侵入できない専用回線 (VPN トンネル) が形成される. ここで, インターネット VPN の接続構成例を**図 7.6** に示す. VPN 装置 (あるいは VPN ソフトウェア) により, 送信されるパケットが暗号化されるため, 伝送過程のパケットを取得した場合でも, 記載された情報を読み取ることはできない.

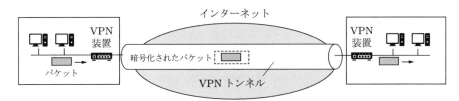

図 7.6　インターネット VPN の接続構成例

　インターネット VPN の代表的な暗号化技術として, 「IPsec (IP security protocol)」と「SSL (secure sockets layer)/TLS (transport layer security)」が挙げられる (9.2.3 項参照).

■ IPsec

　IPsec を使用する VPN は, IPsec-VPN とよばれ, OSI 参照モデルの第 3 層 (ネットワーク層, あるいは, TCP/IP 階層モデルのインターネット層) の処理に位置づけられる. IPsec-VPN により確立される論理的な経路は, SA (security association)

表 7.1　IPsec プロトコルの構成

IPsec プロトコル種別	役割	補足
AH (Authentication Header)	・パケットの改ざんの有無を認証 ・パケットの暗号化は実施しない	元の IP パケットに AH ヘッダを挿入
ESP (Encapsulated Security Payload)	・パケットの改ざんの有無を認証 ・パケットのデータ部 (ペイロード) を暗号化	元の IP パケットに ESP ヘッダと ESP トレーラを挿入
IKE (Internet Key Exchange protocol)	・パケットの暗号化に必要な暗号鍵 (秘密鍵) の情報交換を行う	対向ルータ間での認証と経路の構築後に情報交換

ともよばれ，AH, ESP, IKE などのプロトコルから構成されている（表7.1 参照）．
IPsec は，ESP と IKE のみでも構成することはできるが，AH が ESP より負荷を
低減できるなどの理由により，通常は AH, ESP, IKE のすべてが実装される．

■ SSL/TLS

　SSL を使用する VPN は，SSL-VPN とよばれる．当初，SSL は Web サーバと
Web ブラウザ（閲覧ソフト）間の通信においてデータを暗号化するための技術とし
て，米国 Netscape 社により開発された．その後，IETF により提案された改良版が
TLS として標準化されたが，SSL の名称が広く使われている．SSL は，OSI 参照モ
デルのアプリケーション層下のセッション層の技術として定義され，Web サイトに
アクセスする際に用いる HTTP プロトコルと組み合わせて利用される（6.6.2 項参
照）．SSL は暗号化に加えて，電子証明書により通信相手の本人性を証明し，なりす
ましを防止する役割をもつ．SSL-VPN については，Web ブラウザに標準搭載され
る暗号化技術を採用することで，IP-VPN のように VPN 専用のソフトウェアを事前
にインストールする必要がない．一方，Web ブラウザで動作しないアプリケーショ
ンについては，Java アプレットや専用クライアントソフトを利用する方法もある．

　なお，インターネット VPN で利用されるその他の VPN として，L2TP/IPsec
や PPTP（Point-to-Point Tunneling Protocol）がある．L2TP は，2 台の通信
機器間で仮想的な転送経路を確立する PPP のフレームをカプセル化するデータリ
ンク層（OSI モデル第 2 層）の VPN プロトコルである．L2TP/IPsec は，IPsec
と組み合わせて暗号化レベルを向上させる目的などで利用される．PPTP は，米
国 Microsoft 社の提案技術をもとに標準化された方式であり，PPP のフレームを
GRE（Generic Routing Encapsulation）とよばれる VPN プロトコルによりカプ

表7.2　仮想プライベートネットワークの各方式の特徴

方式名 特徴	名称		
	広域イーサネット	IP-VPN	インターネット VPN
回線	通信事業者の専用回線（閉域網）	通信事業者の専用回線（閉域網）	インターネット
帯域保証	あり	あり	なし
セキュリティ	高	高	中／低
コスト	高額（拠点数で変動）	高額（拠点数で変動）	相対的に安価

セル化する．PPTP は手軽に実現できる点がメリットであり，Windows PC には標準装備されている．

表7.2 に，仮想プライベートネットワークの各方式の特徴を示す．

7.3 IP 技術のアプリケーション例(1)：VoIP

7.3.1 ■ VoIP の概要

VoIP（Voice over IP）は，IP ネットワークを介して音声データを送受信する技術であり，宛先や制御情報などとともに，音声データが IP パケット内に格納される．VoIP の技術はおもに音声通話に使用されていることから，IP 電話ともよばれ，従来のアナログ電話に代わる技術として導入が進んでいる．データ通信などに使われる IP ネットワークを利用できるため，通信コストの低減などのメリットがある．ただし，インターネットを利用するような場合，中継回線の混雑が発生するケースや，音声信号を符号化する変換装置の性能が不十分なケースなどでは，音声品質が不安定になる可能性がある．

(1)　音声データの IP パケット化

IP パケット化した音声データの構成を図7.7 に示す．ディジタル化された音声データを IP パケットに格納する際には，RTP（Real-time Transport Protocol）とよばれるプロトコルが利用される．RTP は，音声や映像をストリーミング再生するための UDP 上で動作するプロトコルであり，OSI 参照モデルの第 5 層（セッション層）で動作する．また，通常は RTCP（Real-time Transport Control Protocol）という RTP の制御プロトコルとセットで利用される．

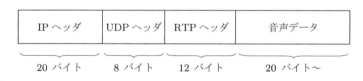

図7.7　IP パケット化した音声データの構成（IPv4 の場合）

アナログ音声信号を IP 音声に符号化する際には，G.711，G.722，G.726，G.729，G.723.1 などを用いる（表3.1 参照）．利用する通信回線の伝送容量や，要求される通信品質レベルなどを考慮して，適切な符号化方式が選択される．双方向の通話では，音声遅延を抑える観点から，音声信号をパケットに変換する周期（パケット

化周期）は通常 0.02〜0.06 秒程度に設定される（⇒ p. 154 **Note** 7.1）．パケット化周期を長くすると，音声データを効率的に転送できるが，音声遅延が大きくなるため望ましくない．

Note 7.1　1通話あたりに必要なビットレートの計算例

　一例として，ビットレートが 8 kbit/s（= 1000 byte/s）の G.729 を用いる条件を考える．パケット化周期を 0.02 秒とすると，1 秒間のパケット数は 1 ÷ 0.02 = 50 となる．したがって，1 秒間に 1000 バイトの符号化処理を行う場合，一つのパケットに割り当てられる音声データ（= ペイロード長）は 1000 ÷ 50 = 20 バイトとなる．

　このとき，音声データを格納した IP パケット長（IPv4 の場合）は，図 7.7 より，20（IP ヘッダ）+ 8（UDP ヘッダ）+ 12（RTP ヘッダ）+ 20（音声データ）= 60 バイトとなる．さらに，レイヤ 2 プロトコルとしてイーサネット（DIX 仕様，図 5.5(a) 参照）を選択すると，フレーム長は 8（プリアンブル）+ 14（イーサネットヘッダ）+ 60（IP パケット）+ 4（FCS）= 86 バイトとなる．以上の条件で，1 通話あたりに必要となるビットレートは，50 × 86 = 4300 byte/s = 34.4 kbit/s となる．

(2)　VoIP の音声データの送信

　ネットワーク形態別の VoIP の音声データの送信例を，図 7.8 に示す．まず，図(a)

（a）電話利用ケース 1

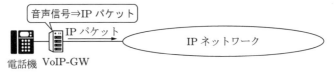

（b）電話利用ケース 2

（c）VoIP 端末／PC 利用ケース

図 7.8　VoIP の音声データの送信例（GW：Gateway）

は，アナログ型の電話機から電話回線（アナログ回線）を介して音声信号を送信する例を示している．電気通信事業者内に設置された変換装置（VoIP-GW）によって，音声信号が IP パケットに変換されたあとに，IP ネットワークに送られる．図(b)および(c)は，ユーザ側に IP ネットワークのインターフェースが提供され，ユーザ宅内で音声信号が IP パケットに変換される例を示している．このとき，電話機に接続された変換装置（VoIP-GW）や VoIP 端末（あるいは PC）が，音声信号を IP パケットへ変換する機能をもつ．なお，図(c)の形態は，符号化ボードを内蔵した専用 VoIP 端末や，符号化ソフトをインストールした PC を利用するものである．

VoIP で用いるプロトコルの代表例として，「H.323」，「SIP（Session Initiation Protocol）」，「MGCP（Media Gateway Control Protocol）/H.248」が挙げられる．表 7.3 は，各プロトコルの概要を示しており，それぞれ ITU-T や IETF などの組織で標準化が進められてきた．次項以降で各プロトコルについて詳しく説明する．

なお，国内の IP 電話は，電気通信事業者によって，おもに図 7.8(b)，(c)の例

表 7.3　VoIP プロトコルの代表例

方式	標準化機関	概要
H.323	ITU-T	当初，コンピュータを介したマルチメディア会議向けの規格として勧告された（第 1 版 1996 年）．その後，IP 技術の進展とともに，音声や映像向けの通信技術として発展した．VoIP の実装に際して，H.225（アクセス制御用）や H.245（端末制御用）などのプロトコルが用いられる．
SIP	IETF	IP 電話，テレビ会議，インスタントメッセンジャーなどさまざまなリアルタイム通信向けプロトコルとして規格化された（第 1 版 1999 年）．ただし，SIP 自体の基本機能は，音声や動画像などのセッションの接続・切断に関するものであり，データ伝送に際しては，ほかのプロトコルと組み合わせて利用する．プロトコル構造が単純であり，実装が比較的容易である．
MGCP /H.248	IETF／ITU-T	IP ネットワークと既存の公衆交換電話ネットワークを相互接続したり，IP ネットワークにおいて大規模な VoIP システムを構築することを目的として策定された（IETF 初版 1999 年）．その後，MGCP と H.323 を統合し，より大規模なシステム構築を目的として，IETF による Megaco（MEdia GAteway Control Protocol）と，ITU-T による H.248（初版 2000 年）という名称のプロトコルが勧告された．しかし現在，前者は廃止され，後者の規格（H.248.1）として統一されている．なお，H.248 については，H.248.1 の基本プロトコルだけでなく，さまざまな拡張機能の定義を含む．

に該当する一般向けサービスが 2000 年代より開始されている．このとき，個々の VoIP 端末に IP 電話向けの電話番号を割り当てる方式なども利用される．

　一方，公衆交換電話ネットワークの固定電話と IP ネットワークの VoIP 端末を接続する方法の一つとして，ENUM（Elephone NUmber Mapping）が提案されている．ENUM は，DNS 技術を用いて，電気通信事業者の枠を超えたすべての電話番号とドメイン名を関連づけることで，電話番号から VoIP 端末を特定する．

　ENUM では，IP 電話に加入するすべての電話番号が，URI（uniform resource identifier）により管理される．URI は，Web アクセスで用いられる住所に相当する URL（uniform resource locator）の拡張版に相当し，実際の電話接続においては，「電話番号を URI に変換」，「URI で指定される VoIP 端末に接続して通話開始」という流れとなる．なお，ENUM を用いるためには，ITU-T の勧告（E.164）で標準化された電話番号を利用することになる．E.164 電話番号は，国番号と国内番号（国内宛先コード + 加入者番号）から構成され，その桁数は 11〜15 桁となっている．

7.3.2　■□ H.323

　H.323 は，マルチメディア会議向けの VoIP 規格として ITU-T により標準化された．OSI 参照モデルの第 5 層（セッション層）と第 6 層（プレゼンテーション層）に対応し，「呼制御プロトコル（H.225）」，「端末間制御プロトコル（H.245）」，「網アクセス制御プロトコル（H.225）」，「メディアストリーム（H.225）」などのプロトコル群から構成される．

　H.323 による VoIP システムは，「H.323 ゲートキーパ（GK：gatekeeper）」，「H.323 ゲートウェイ（GW：gateway）」，「H.323 端末」という構成要素からなる．多地点通信を行う場合には，さらに H.323 多地点接続装置（MCU：multipoint control unit）が必要となる．GK は，VoIP システムの管理制御装置に相当し，「端末の登録や認証」，「アカウント管理」，「課金」，「IP アドレスと電話番号の相互変換」，「帯域制御」などの機能を提供する．GW は，「GK との間の通信要求の確認」，「GW 間での呼設定やメディア制御信号のやりとり」などに加えて，「音声信号の符号化」などの役割を担う．なお，GW 機能をもつ専用端末を，H.323 端末とよぶこともある．

　H.323 による VoIP システムの基本構成例を図 7.9 に示す．この図は，電話機 A，B 間で VoIP による音声通話を行う例を表している．電話機から GW に対するダ

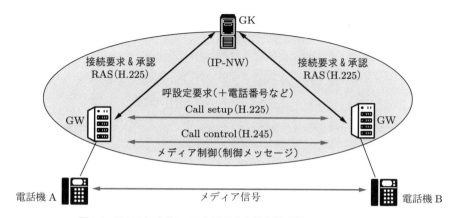

図 7.9　H.323 による VoIP システムの基本構成例
（RAS：Registration, Admission, and Status シグナリング）

イヤルアップ接続（発呼）後，「GW から GK に対する接続要求と GK から GW
への接続承認」，「GW 間での呼設定やメディア制御情報の交換」などのプロセス
を経て，音声通話が実現する．なお，この例では，一つの GK が制御するケース
を示しているが，規模が大きい通信ネットワークでは，複数の GK が相互に連携
して VoIP システムを実現するケースも想定される．

7.3.3 ■ SIP

　SIP（Session Initiation Protocol）は，音声や動画などのリアルタイムアプリケー
ションのセッションを接続・切断する制御プロトコルとして，IETF によって標準
化された．OSI 参照モデルの第 5 層（セッション層）に位置しており，通信プロ
グラムの開始から終了までの手順に対応する．データ伝送などの機能は含まないた
め，ほかのプロトコルと組み合わせて利用することを前提としている．また，SIP
は H.323 とは異なり，IP ネットワーク上でのサービス提供を目的として仕様が検
討されており，インターネットサービスとの親和性が高い．SIP においてやりとり
されるメッセージは，Web 閲覧時に用いられる HTTP や，メール送信時に用いら
れる SMTP などのテキスト形式であることから，シンプルで拡張性も高く，処理
負荷が軽いことを特徴とする．VoIP システムでは，通常，SDP（Session Description
Protocol）とよばれる情報記述構文を用いてメッセージを記述する．

　SIP による VoIP システムの基本構成例を図 7.10 に示す．この図が示すように，
SIP を用いたシステムは，「UA（user agent）」，「SIP サーバ」，「ロケーションサー

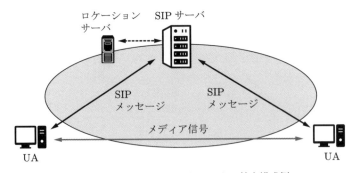

図7.10　SIPによるVoIPシステムの基本構成例

バ」から構成される．UAはSIP端末に対応し，発呼側はUAC（user agent client），受信側はUAS（user agent server）とよばれる．また，UA間を接続してサービス管理を行うSIPサーバは，通話接続の管理の役割を担う．SIPサーバは，「電話をかける相手端末を特定して呼び出すProxyサーバ」，「相手端末のアドレスが変更された場合にUAに新たなアドレスを通知するリダイレクトサーバ」，「UAの新規登録・更新・削除などの処理を行う登録サーバ」などの役割をもち，1台のサーバとして通常設置される．ロケーションサーバは，UAの情報を保持し，SIPサー

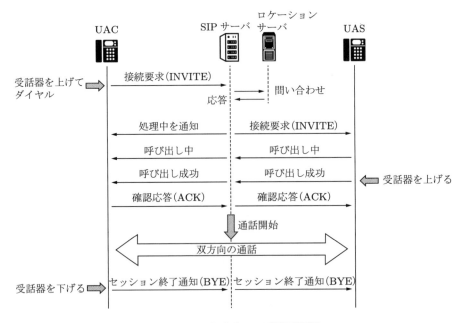

図7.11　SIPによるVoIP接続手順例

バからの要求に応じて UA の位置情報などを提供する.

SIP による VoIP システムの接続手順例を図 7.11 に示す．この図は，送信端末（UAC）と受信端末（UAS）間で VoIP による通話をする例に対応しており，「相手先への接続要求」，「ロケーションサーバの登録情報確認」，「確認応答」，「双方向通信の開始」などのプロセスの流れを示している．SIP におけるセッションの開始時には INVITE リクエストが送信され，セッション確立後には ACK 応答により接続が完了する.

7.3.4 ■ MGCP/H.248

MGCP（Media Gateway Control Protocol）は，既存の公衆交換電話ネットワークを IP ネットワークと接続することや，IP ネットワークにおいて大規模な VoIP システムを構築することを目的として，1999 年に IETF によって策定された．その後，MGCP をベースとして，STM（Synchronous Transfer Mode）回線以外を収容した形態にも対応できるよう拡張したプロトコルが，Megaco（MEdia GAteway Control Protocol）/H.248 として提案された（ITU-T, IETF 共同作成）．ただし，現在では Megaco の仕様は廃止され，ITU-T が H.248 を維持管理している．H.248 は，OSI 参照モデルの第 5 層（セッション層）と第 6 層（プレゼンテーション層）に対応し，下位層では UDP/IP を用いる．また，セッション層のメッセージの記述では，SIP と同様に SDP を活用する.

MGCP/H.248 による VoIP システムの基本構成例を図 7.12 に示す．MGCP/H.248 では，交換機の機能を IP ネットワーク上に分散させて制御する．この交換機はソフトスイッチとよばれ，「MGC（media gateway controller）」，「MG（media gateway）」，「SG（signaling gateway）」の各機能に分割される．また，これらの機能をもつ交換機は CA（call agent）ともよばれる．MGC は，MG と SG を制

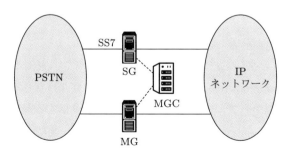

図 7.12　MGCP/H.248 による VoIP システムの基本構成例

御し, 公衆交換電話ネットワーク（PSTN）と IP ネットワーク間の接続を実現する.
MG は, PSTN と IP ネットワーク間の音声データの双方向変換を行う. SG は,
PSTN の SS7 (8.1.2 項参照) による制御信号と IP ネットワーク上の信号の相互
変換を行う.

　MG は用途に応じて複数に分類される. その具体例として, PSTN と IP ネット
ワークの接点に置かれる TMG (trunk media gateway), 一般家庭などのアナログ
回線を提供する RGW (residential gateway) などが挙げられる.

7.4　IP 技術のアプリケーション例(2)：画像通信

7.4.1　画像通信の概要

　画像通信とは, 通信ネットワークを介して静止画像や動画像（あるいは映像）を
送受信するものである. 人間が外部から受け取る情報の中で, 視覚の占める割合は
高く, 画像通信は有力な情報伝達手段の一つと考えられる.

　従来の画像通信の代表例としては, 文章などを送信する際に用いるファクシミリ
（FAX）が挙げられる. また, 1990 年代以降のインターネットの普及とともに,
WWW による Web 閲覧も, 日常生活において多くの人々が利用する画像通信の
アプリケーションの例となっている. その後, CATV を含む動画像配信サービスや,
多地点をつなぐ双方向型会議などについても, IP ネットワークを介する形態が普
及している. ただし, 画像信号のデータ量は音声信号などに比較して膨大であるこ
とから, 送信に際して冗長な成分を取り除き, 情報圧縮する処理を施して符号化す
るのが一般的である. このとき, 利用する伝送媒体の特徴に応じて, 符号化方式の
種別やビットレートが選択される（3.2.2 項参照）.

　本節では, IP 技術をベースとした画像通信の例として, 動画像配信と多地点会
議の事例を紹介する.

7.4.2　動画像配信

　動画像（映像）配信の提供形態の例として, 「CATV (cable tele-vision,
communication antenna tele-vision)」や「IP-TV」が挙げられる.

　CATV は, 有線ケーブルを用いてテレビ信号を送受信するシステムであり, 当
初は地理的な条件により地上波 TV 放送を受信しづらい地域向けのサービスとし
て開始された. その後, 多種多様なテレビ番組の提供が進むと, 多チャンネル化な

どが進み，都市型の CATV などが発展していくことになった.

　CATV は，映像信号を変調して伝送する「RF（radio frequency）型」と，IP 技術を用いる「IP 型」に大別される．RF 型は，QAM 変調を用いた周波数多重により，映像信号を多重化する方式が一般的であり，1 チャンネルあたり 6 MHz の伝送帯域を用いる．また，周波数多重化された多チャンネルの映像信号を伝送する際には，同軸ケーブルや光ファイバが利用される．IP 型は，映像信号を IP パケット化して伝送する IP-TV の 1 形態にあたる.

　ここで，RF 型と IP 型の基本的なシステム構成を図 7.13 に示す．この図は，アンテナで受信した放送信号を利用する例を示している．図(a)は RF 型の例で，映像信号が変調器から送信されたあと，ユーザ宅内の映像受信器（STB）で復調されることにより，モニタで視聴できる．一方，図(b)は IP 型の例で，MPEG エンコーダにより映像信号が符号化および IP パケット化されたあと，IP ネットワークを介して，ユーザ宅内の映像受信器で映像信号に復号化されることにより視聴できる.

　IP-TV は，IP 技術を用いた映像コンテンツの配信サービスを意味し，「IP 放送型」，「VoD（video on demand）型」，「ダウンロード型」などに分類される.

・IP 放送型：一般に放送事業者が提供する映像コンテンツをリアルタイムで視

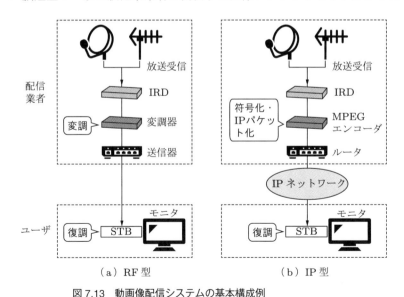

（a）RF 型　　　　　（b）IP 型

図 7.13　動画像配信システムの基本構成例
（IRD：integrated receiver/decoder，放送受信機）

聴する形態をとる.

・**VoD 型**：ユーザの操作により，ネットワーク内に配置された映像配信サーバに蓄積された映像コンテンツを視聴する形態をとる.

・**ダウンロード型**：映像配信サーバなどから映像コンテンツのファイルをダウンロードして視聴する形態をとる.ストリーミング配信とは異なり，視聴中のネットワークの伝送帯域の変動の影響を受けないメリットがあるが，ファイル容量や著作権などの点で課題も存在する.

7.4.3 ■ 多地点会議

　複数拠点（多地点）を接続する双方向会議は，移動時間の短縮や，移動コストの削減などのメリットがある.テレビ会議などにおいて，多地点を接続して双方向の会議を実施する際には，多地点接続装置（MCU）が利用される.MCU は，複数拠点に置かれる端末からの送信信号を中継する装置であり，会議制御部（多地点接続の制御機能）と，メディア処理部（多地点からのメディア情報の多重化処理などの機能）から構成される.

　ここで，MCU を用いた多地点会議システムの基本構成例を図 7.14 に示す.この図において，各拠点の端末は，MCU と 1 対 1 で接続されている.MCU は，各拠点から送信される情報（参加者の顔などの動画像，音声，共有資料などの画像）を受信し，メディア処理部において画面合成や分割などの処理を行ったあと，各拠点の端末へ送信する.IP ネットワーク上の MCU で利用されるプロトコルは，H.323，SIP，独自仕様などに分けられる.H.323 を用いる場合，VoIP システムと同様に，GK が端末と MCU の接続処理を行うことになるが，MCU と GK が同一のサーバ内に実装されることも多い.

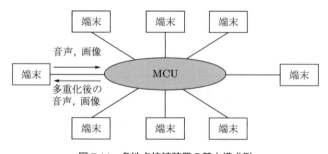

図 7.14　多地点接続装置の基本構成例

7.5 IPネットワークの品質制御技術

　インターネットのようなベストエフォート型のネットワークでは，通信トラヒックの急激な増加とともに輻輳が発生し，「パケット転送遅延」，「パケット転送遅延ゆらぎ（ジッタ）」，「パケット損失」などのネットワーク品質の低下が発生する可能性がある．パケットの転送遅延は，「パケットが伝送路を通過する際に要する時間（経由するルータほかの通信機器の数など）」，「ルータほかの通信機器においてバッファリングされる際に生じる時間」，「通信端末における符号化・復号化の処理時間」などにより発生する．パケットの転送遅延ゆらぎは，おもにルータやスイッチなどの通信機器で生じる待ち行列遅延が，パケットごとに異なることで発生する．パケット損失については，おもにルータやスイッチなどの通信機器内でのバッファあふれが原因となる．

　こうしたネットワーク内での品質低下は，とくに音声通話や映像配信などのリアルタイムアプリケーションの利用に影響を及ぼす．このため，とりわけ多くのユーザが伝送路を共有するインターネットを経由する際には，ユーザの体感品質（QoE，9.3節参照）を維持するための品質制御技術（QoS制御技術）の仕組みが求められる．

　IPネットワークの品質制御技術は，「優先制御」，「帯域制御」，「その他」に大別される．優先制御は，事前に指定した優先度に応じてパケットを伝送する処理に対応する．帯域制御は，一定の基準に基づいて通信速度やデータ転送量をコントロールし，通信回線の中で使用できる総量を抑制する処理に対応する．

7.5.1 ■ パケット転送の品質制御に関する要素技術

　パケット転送時の品質制御の要素技術は，「パケットスケジューリング技術」，「バッファ管理技術」，「通信フローの受付制御（呼受付制御）・トラヒック流量制御技術」などに分けられる．通信フローとは，送信元IPアドレス，送信先IPアドレス，送信元ポート番号，送信先ポート番号，プロトコル種別などの組が同一であるパケット群を指す．

(1) パケットスケジューリング技術

　ルータなどのインターフェースに着信したパケットを出力する前に，キューにパケットを格納することをキューイングという．ここで，キューとは，パケットの一

時的な格納場所（バッファ）や待ち行列を意味する．複数のキューよりパケットの
送出順序を決定する制御技術が，パケットスケジューリング技術である．パケット
スケジューリング方式の例として，「PQ（priority queueing）」，「CQ（custom
queueing）」，「WFQ（weighted fair queueing）」，「CBWFQ（class-based weighted
fair queueing）」，「LLQ（low latency queueing）」，「CBQ（class-based queueing）」
などがある．

　キューに格納された順序でパケットを送出する処理は，FIFO（first in, first
out）とよばれる．一方，各種のパケットスケジューリング方式では，一定の基準
によりパケットの優先度を設定して，パケットの順序を入れ替えて送出する．図
7.15 は，パケットスケジューリング方式の処理例を示している．この例では，入
力したパケット列は，フローごとに3種類のキューに振り分けられ，事前に設定し
た優先度に応じて出力される．

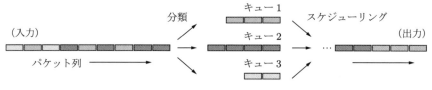

図7.15　パケットスケジューリング処理例

　PQ では，パケットに優先度を示す値を記入し，優先度の高い順序で送出する．
この方式の処理負荷は少ないが，優先度の低いキューのパケットが処理されない可
能性がある．この課題を改善するために提案された手法が CQ であり，優先度が
異なるフローに対しても，パケット送出の重み付けを管理者が設定することで，パ
ケットの廃棄を抑制できる．CQ では，複数存在する各キューに対して送出できる
パケット量を定義し，キューを巡回させながらパケットを送出していく．

　WFQ では，パケットのフローを自動検出して独立したキューをつくり，優先度
に応じてパケットを送出していく仕組みをとる．WFQ はキューを自動検出して管
理できるが，パケットの優先度（クラス）をカスタマイズできない点が課題であっ
た．CBWFQ は，クラスごとに最低保証帯域を指定し，WFQ の課題を改善した
方式である．さらに，CBWFQ に PQ を追加し，最優先キューを割り当てて伝送
帯域幅を設定する方式が，LLQ である．

　CBQ では，フローごととではなく，クラス単位でキューを設定する．このとき，
トラヒック特性を考慮して，フィルタによってパケットを分類し，各クラスに伝送

帯域を割り当てる.

　以上のスケジューリング方式において，パケットの優先度やクラス分けの際に，「IPアドレス」，「TCP/UDPポート番号」，「パケット長」，「IPパケットのTOSフィードバック値」などの情報が用いられる.

(2)　バッファ管理技術

　ルータなどの通信機器内において，パケットの待ち合わせのためのキューがあふれた際にパケットを選択破棄する処理が，バッファ管理技術である.代表例として，「RED (random early detection)」や「RIO (red with in and out)」が挙げられる.

　REDは，キュー長の平均値に応じた確率でパケットの破棄を行う制御技術である.パケットがバッファからあふれる前に流量を制御して，キュー長を一定内に抑制する.パケット到着ごとに，ローパスフィルタ（重み付き指数平均）を用いて平均キュー長を計算する.RIOは，REDの拡張版に対応する.RIOでは，フローごとに事前に許容送信レートを設定し，送信パケットが許容内であるかどうかを判定してマーキングする.そして，パケットのマーキングに応じてバッファ内の廃棄率を割り当てることで，IPネットワーク内の輻輳を抑制する.

(3)　呼受付制御・トラヒック流量制御技術

　多くのユーザが共有するインターネットなどでは，パケットスケジューリングやバッファ管理だけでは，通信品質を完全に保証することはできない.通信品質の改善に向けたアプローチとして，IPネットワーク内に流入する通信トラヒックを制限する方法が提案されている.その具体例として，「ユーザ端末などからの呼受付制御（CAC：call admission control）あるいはコネクション受付制御（CAC：connection admission control）」や，「トラヒック流量制御」などが挙げられる.

　呼受付制御では，通信開始前にユーザ（通信要求者）がネットワーク側に対して接続要求を送出する.このとき，ユーザはトラヒック特性（トラヒッククラスや利用帯域など）を提示し，ネットワーク側は内部の利用状況と申告されたトラヒック特性を考慮して，コネクションの受付可否を判定する.たとえば，ATM交換の例では，ATM端末からトラヒック種別（CBR，VBRほか）などをネットワーク側に提示する方式が提案された（4.2.2項(3)参照）.また，Webサーバへのアクセスに際して，接続可能なコネクション数に上限を定める設定も，呼受付制御の一つとして位置づけられる.

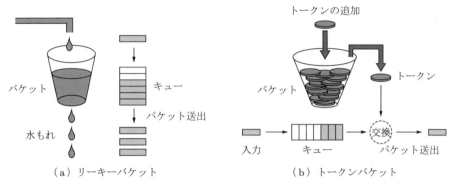

図7.16　トラヒック流量制御方式

　トラヒック流量制御の代表例としては，「リーキーバケット」と「トークンバケット」が挙げられる．この二つの流量制御方式の処理の流れを図7.16に示す．

　図(a)は，穴があいたバケット（バケツ）から生じる一定流量の水もれと，キューから送出されるパケットの対比を示している．リーキーバケットのアルゴリズムでは，ルータなどに流入するさまざまな通信トラヒックがバケットに貯めこまれ，パケット転送レートの上限が設定される．このとき，バケットの空き容量より大きいパケット列が到着した場合，廃棄されるか，あるいはキューイングされる（バッファ内での処理待ち状態とされる）．なお，パケットの送出レートが固定化されるため，通信トラヒックが少ない状態においては伝送効率が低下する点が課題となる．

　図(b)の「トークン」はパケットを転送する際のデータ量に相当し，「バケット」はトークンを貯めておくためのバッファを意味する．トークンは一定の間隔でバケットに補充され，トークンがバケット内に存在する場合には，トークンと交換する形でパケットの送出が可能となる．一方，バケット内にトークンが存在しない場合，パケットは廃棄あるいはキューイングされる．この処理により，通信トラヒックの平均的な流量を一定以下に保つことが可能となる．

　制限を超えたパケットを一定時間バッファ内で保持して流量制御する処理は，トラヒックシェーピングとよばれる．この場合，パケットの送出レートは平滑化され，バースト的な通信トラヒックも許容されるが，十分なバッファ量が必要となる．一方，制限を超えたパケットを廃棄する処理は，トラヒックポリシングとよばれる．

7.5.2　パケット転送の品質制御

　IPネットワークにおける品質制御に際して，7.5.1項で示した要素技術を適切に

組み合わせた手法が提案されている．以下では，パケット転送に関する代表的な二つの方式の概要を説明する．

（1） IntServ

IntServ (Integrated Services) は，データ通信に加えて，リアルタイムアプリケーション（音声，動画像配信など）の品質の安定化に向けて提案された制御方式である．伝送路上のルータなどに，最低限保証する帯域幅や遅延の最大値などを指定して，通信フローごとの伝送帯域を予約する方式を採用する．このとき，RSVP (Resource Reservation Protocol) とよばれるプロトコルにより，送受信端末間（エンドエンド間）でコネクション設定を行い，必要な伝送帯域を確保する．コネクションの設定では，通信開始前に，送信端末が Path メッセージとよばれるパケットを受信端末へ向けて送信する．Path メッセージを受け取った受信端末は，Resv メッセージとよばれるパケットを返信する．そして，Resv メッセージを受信した経路上のルータは，ネットワークのリソース（伝送帯域）を確認し，送信端末に向けて提供可否を返信する．伝送帯域が確保された場合には，通信が開始される（図7.17参照）．

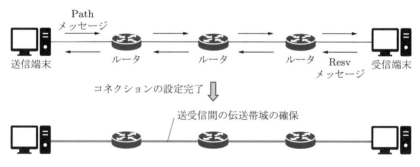

図 7.17　IntServ の設定手順例

なお，伝送路上のルータ間の伝送帯域が異なるようなケースでは，WFQ などのパケットスケジューリング方式を用いる．そのほかにも，伝送帯域の管理に際して，通信フロー流量の制御技術などが利用される．ただし，通信フローごとに実施する際の処理負荷が重いなどの理由により，実際の IP ネットワーク環境での IntServ の導入は進んでいない．

(2) DiffServ

　DiffServ (Differentiated Services) は，送受信端末間の通信フロー単位ではなく，伝送路上のルータ経由（ホップ）において品質制御を行う．このため，IntServ に比較して処理負荷が少なく，実際のネットワーク運用時の拡張性に優れている．DiffServ では，異なる品質クラスを設定し，パケットの優先度に応じて転送するパケットスケジューリング技術をベースとする．

　DiffServ の処理フローの例を図7.18に示す．この図が示すように，DiffServ では，「分類」，「マーキング」，「キューイング」，「スケジューリング」の順番でパケットが処理される．

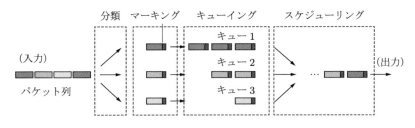

図7.18　DiffServ の処理フロー例

■分類

　ルータやスイッチなどの通信機器に着信したパケットは，「IP アドレス」，「TCP/UDP ポート番号」，「CoS (class of service)」，「IP Precedence」，「DSCP (Differentiated Services code point)」などの情報をもとに分類される．CoS は，イーサネットフレームに設定する優先度を示す．IP Precedence および DSCP は，IP ヘッダ内の優先順位フィールドに存在し，前者は 8 段階，後者は 64 段階の優先レベルが設定できる．DSCP は，IPv4 の場合は IP ヘッダ内の TOS フィールド，IPv6 の場合はトラヒッククラスフィールドの値を再定義して書き込まれる．

■マーキング

　パケットの分類結果に基づいて，「CoS」，「IP Precedence」，「DSCP」などのフィールドにマーキングを行う．マーキングについては，レイヤ 2 で実施する場合には CoS，レイヤ 3 で実施する場合には IP Precedence または DSCP が用いられる．

　DSCP 値によるパケットの転送処理は，PHB (per hop behavior) とよばれる．PHB は，もっとも優先度が高い EF (expedited forwarding) と，複数の品質クラ

スを規定する AF（assured forwarding）に大別される.

■キューイングとスケジューリング

　パケットスケジューリング方式の概念に基づいて，パケットのキューイングとスケジューリングを実行する．実際のネットワーク運用では，WFQ，CBWFQ，LLQ などの方式が用いられる.

演習問題

7.1　MPLS で実現できる機能を説明せよ.

7.2　GMPLS で用いられるラベルに相当する項目例を提示せよ.

7.3　仮想プライベートネットワークを実現する方式例と特徴を整理せよ.

7.4　インターネット VPN で用いられる代表的な暗号化技術の例と特徴を整理せよ.

7.5　G.729 を用いて 8 kbit/s のビットレートで送信する場合，ペイロード長を 40 バイトに設定した条件でのパケット化周期を求めよ.

7.6　VoIP で用いるプロトコルの代表例と，それぞれの特徴を整理せよ.

7.7　CATV における映像信号の配信方式例を提示せよ.

7.8　IP-TV でのサービス提供形態の分類例を提示せよ.

7.9　IP ネットワークで輻輳が発生した際に，ネットワーク層のレベルで生じる問題事例を提示せよ.

7.10　パケットスケジューリング方式の例を提示せよ.

7.11　バッファ管理技術の例を提示せよ.

7.12　通信フローの流量制御の例と特徴を整理せよ.

7.13　パケット転送制御で用いる IntServ と DiffServ のそれぞれの特徴を整理せよ.

8 各種の通信ネットワーク

　情報通信技術の発展は目覚ましく，従来の電話ネットワークにおける音声通話主体のサービスから，インターネットを介した映像配信を含む多種多様なアプリケーションまで利用できるようになった．また，無線通信技術の進展とともに，各種の通信サービスは，屋内外のさまざまな場所で，時間に関係なく提供される時代となっている．本章では，不特定多数のユーザを相互につなぐ公衆通信ネットワークを主な対象として，公衆交換電話ネットワーク，次世代ネットワーク，移動体通信ネットワーク，センサネットワークの事例について述べる．

8.1 公衆交換電話ネットワーク

8.1.1 ■ 公衆交換電話ネットワークの概要

　公衆交換電話ネットワーク（以下，電話ネットワーク）は，通話の開始から終了まで通信回線を確立して占有する回線交換方式により接続される（4.2.1 項参照）．米国では，1877〜1878 年ごろにかけて各地で電話会社が開業した．電話サービスの開始当初は，各地域の電話局で待機している電話交換手（オペレータ）を呼び出し，接続先を口頭で伝える方法により，手作業で電話回線が接続された．その後，こうした人手を介する手作業の処理を効率化するため，電話機から送信されるダイヤル信号を識別し，自動で電話回線をつなぎ変える交換機が発明された．

　国内では，1890 年に手動交換による電話サービスが開始され，1920 年代にダイヤル 1 桁ごとにスイッチが作動する自動交換機（ステップバイステップ交換機），1950 年代にリレースイッチを用いたクロスバ交換機，1970 年前後よりアナログ制御装置を導入したアナログ電子交換機，1980 年代より時分割多重方式を導入したディジタル交換機へと進展している．ディジタル交換機では，時分割多重化された情報信号を一時的に内部メモリに蓄えて，時間位置（タイムスロット）を入れ替える「時間スイッチ」と，スイッチの開閉タイミング調整により，入力される情報信号を時間位置ごとに別の出力回線に振り分ける「空間スイッチ」の組み合わせにより，交換操作が行われる（4.2.1 項参照）．

　日本電信電話株式会社（NTT）は，回線交換機の老朽化などを理由として，電話ネットワークからIPネットワーク（8.2.2項参照）へ2024年1月に設備切り替えを行うことを決定した．また，国内の電話ネットワーク向けのメタル回線（メタル電話回線）は，アナログ回線とディジタル回線（ISDN回線，4.1.3項参照）に分けられるが，後者のディジタルモードのサービス提供中止が2024年1月となることも決定した．

　回線交換方式をベースとする電話ネットワークの基本構成例を図8.1に示す．この図が示すように，電話ネットワークは階層構造となっており，加入者（ユーザ）端末を直接収容する加入者交換機と，中継機能を受けもつ中継交換機からなる．なお，中継交換機については，加入者交換機を収容して中継するタイプと，遠方地域に置かれる中継交換機どうしをつなぐタイプに分けられる．

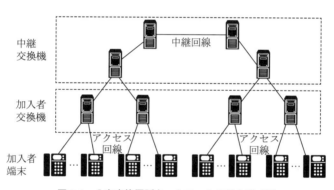

図8.1　公衆交換電話ネットワークの基本構成例

8.1.2 ■ 公衆交換電話ネットワークの制御技術

(1)　制御信号の伝送方式

　回線交換方式をベースとする電話ネットワークにおいて，ユーザ端末（加入者端末）と加入者交換機間での呼制御やネットワーク管理などで用いる制御信号の伝送方式は，「個別線信号方式」と「共通線信号方式」に分けられる．個別線信号方式は，音声信号と制御信号を同じ伝送路で転送し，電話ネットワークのシステム構成が簡易化できる点がメリットとなる．しかし，通話開始後に制御信号を伝送できないため，付加的なサービス情報を転送できない点が課題となる．一方，共通線信号方式は，音声信号と制御信号を別の伝送路に分けて転送する．個別線信号方式に比較してシステム構成は複雑になるが，通話セッションが確立している間でも制御信号を

伝送できるため，多様な通信サービス（例：発信者番号の通知，プリペイド課金，ショートメッセージサービスなど）の提供が可能となる．また，音声信号と制御信号を分離することで，ネットワークセキュリティも高められる．

　共通線信号方式による交換機の接続構成を図8.2に示す．共通線信号網は，加入者交換機や中継交換機を連携させる役割をもち，「電話の呼設定・維持・開放」，「経路情報の管理」，「付加的通信サービスの提供」などを実行する．共通線信号だけを中継する交換機は，共通線信号中継交換機とよばれる．共通線信号方式については，ITU-T Q.700シリーズ勧告で定義され，1990年代には，共通線信号No.7（SS7：Common Channel Signaling System No.7）とよばれるシグナリングプロトコルが国内に導入されていった．

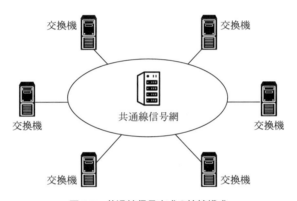

図 8.2　共通線信号方式の接続構成

(2)　交換機の構成と接続処理

　交換機は，音声信号を転送する「通話路系」，加入者や他交換機との信号の送受信を行う「信号処理系」，交換機を制御する「制御系」などに分けられる．

　ここで，加入者交換機の基本構成例を図8.3に示す．通話路系は，加入者端末（電話機）を収容する「加入者回路」，加入者端末からの音声信号（通話トラヒック）を集約する「集線回路」，接続経路を切り替える「時分割スイッチ」などに分けられる．加入者回路は，「電話機への電源供給」，「電話機の過電流・過電圧からの保護」，「電話機への呼び出し信号の送出」，「音声信号のAD変換・DA変換」，「電話機の監視」などの機能をもつ．加入者回路から出力される音声信号は，集約回路を経由して時分割スイッチに送られ，制御系からの指示に基づいて経路制御が行われる．時分割スイッチについては，時間軸上において，ユーザからの音声信号を振り分け

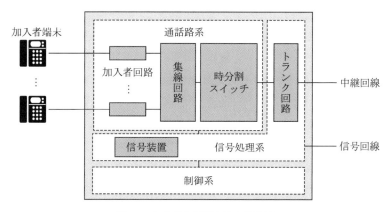

図 8.3　加入者交換機の基本構成例

る時間スイッチと，情報信号を別の出力回線に振り分ける空間スイッチを，適宜組み合わせる方式をとる（4.2.1 項参照）.

　信号処理系は，加入者線や他交換機の信号を送受信する「信号装置」，中継線の信号を送受信する「トランク回路」などから構成される．加入者端末や他交換機との信号の送受信や通話路の確立に際して必要となる制御情報は，信号処理系が共通線信号網より取得する．なお，中継交換機については，中継交換機能を担うため，加入者回路は実装されない.

　電話ネットワークにおける加入者端末（電話機）間の接続手順の流れを図 8.4 に

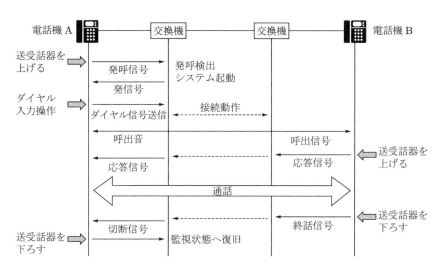

図 8.4　加入者端末間の接続手順の流れ

示す．この図は，電話機 A から電話機 B に向けて接続が開始し，通話終了後に電話機 B が送受話器を置いて接続が終了する手順例に対応している．この例では，まず電話機 A の送受話器を上げる操作により，発呼信号が交換機へ送信され，交換機からの発信音を受けて相手先の電話番号を入力する操作を行う．共通線信号網から送られる制御情報に基づいて，発呼信号を受信した交換機は，接続先の交換機を選択して接続処理を行う．呼び出し信号が送られた電話機 B の受話器を上げた時点で接続が完了し，通話路が確立する．この過程において，回線交換方式では，電話機 A，B 間での通話開始から終了までの間，通信回線は確保される．通話終了後，電話機 B の送受話器を置く動作により，終話信号が交換機に送られ，電話機 A に対して通話終了を示す切断信号が送られる．

(3)　信頼性維持に関する制御技術

電話ネットワークの信頼性を維持する観点より，交換機どうしをつなぐ主要な中継回線は，通常複数用意されている．自然災害などにより通信回線に障害が生じた場合に，別の通信回線を選択して迂回させる処理は，迂回中継とよばれる．また，自然災害時や，チケットの販売などに際して，交換機の処理能力の限界を大幅に超える通話量が発生すると，電話ネットワーク全体に障害が発生する可能性がある．そこで，予測を上回る通話量が発生したときには，電話ネットワーク全体への影響を抑制するために，輻輳制御が実行される．輻輳制御の例としては，「緊急電話などを除いて加入者からの発信呼を受け付けない接続規制（発信規制）」，「特定地域や受信者への通話量が急増する場合の呼を規制する接続規制」などがある．

8.1.3　電話番号計画

発信端末と相手先の着信端末の識別には，電話番号が用いられる．電話番号は，加入者線と加入者端末との物理的インターフェースに付与され，国や地域などの地理的な条件に沿う形式で電話番号が割り当てられている．

ITU-T 勧告 E.164 では，「国番号（1～3桁）」，「国内番号（国内事業者番号 + 加入者番号）」から構成される電話ネットワーク向けの電話番号計画を規定している（最大桁数 15）．まず，国番号は ITU-T により管理され，国または特定地域に対して，一つが定められる（例：米国 = 1，英国 = 44，シンガポール = 65，日本 = 81 など）．国内事業者番号は，複数の電気通信事業者がある国において，事業者を指定して通話する場合に利用できる．加入者番号は，市外局番，市内局番，

加入者番号から構成され，行政区間を基本として割り当てられる．なお，電話番号計画に含まれないものとして，「国際電話アクセス番号」，「緊急通報番号」，「フリーダイヤル」といった付加サービス番号などがある．

8.2 次世代ネットワーク（NGN）

8.2.1 ■ 次世代ネットワーク構想の背景と目的

1990 年代半ば以降，データ通信や映像配信などに利用されるインターネットが急速な発展を遂げてきた．インターネットは，多様なアプリケーションが利用可能であり柔軟性に優れているが，公衆交換電話ネットワーク（電話ネットワーク）と比較して，信頼性・安全性・品質条件などの点で課題がある．次世代ネットワーク（NGN：next generation network）は，電話ネットワークと同様に通信品質・信頼性・安全性などの点に優れ，多様なアプリケーションサービスが利用できる次世代型の IP ネットワークとして提案された．また，世界的に携帯電話の加入者数が増加していったことから，NGN では固定系通信と移動体通信の融合サービスの提供も視野に入れ，世界の電気通信事業者（通信キャリア）や開発ベンダーによってその実現を目指した取り組みが進められた．

表 8.1 に示すように，NGN の国際標準化は，国際標準化機関（ITU-T，IETF，ETSI など）を軸として，2003 年 7 月に ITU-T が主催した NGN ワークショップを起点に本格化した．そして，ITU-T SG13（第 13 研究委員会）を中心として議論が進められ，「NGN の定義と概要（ITU-T 勧告 Y.2001，2004 年 12 月）」ほかの勧告が提出された．このとき，NGN の一般的な概要として，「広帯域かつ QoS

表 8.1　NGN の標準化に関する取り組み例

標準化団体	時期	検討プロジェクトなど
ITU-T（International Telecommunication Union Telecommunication Standardization）	2003 年 7 月〜	NGN ワークショップ開催，NGN-JRG（Joint Rapporteur Group）発足
	2004 年 6 月〜 2005 年 12 月	IETF との共同プロジェクト FGNGN（Focus Group on Next Generation Network）
	2006 年 12 月〜	ITU-T SG13 での勧告化
ETSI（European Telecommunications Standards Institute）	2003 年 9 月〜	TISPAN（Telecommunications and Internet converged Services and Protocols For Advanced Networking）プロジェクト

制御可能な，さまざまなトランスポート技術を活用したパケットベースの通信ネットワークである」，「サービス関連機能が転送関連技術と独立している」，「利用場所に関係なく通信できる普遍的なモビリティをサポートする」などの概念が定義されている．その後，NGN のアーキテクチャやアプリケーションなどが「NGN リリース 1 の能力セット 1（ITU-T 勧告 Y.2006, 2008 年 1 月）」としてまとめられ，実質的に NGN リリース 1 が完成した．

　海外キャリアの例としては，米国 AT&T が NGN で用いられるプロトコルをベースとする通信サービスを 2006 年 6 月に開始した．一方，国内では，光アクセス回線に限定した NTT の商用サービスが 2008 年 3 月末から開始した．さらに，既存の電話交換設備の維持限界を迎えることなどを背景として，2024 年 1 月に回線交換をベースとする電話ネットワークを NGN へ移行することが決定した．

8.2.2 ◾ NGN のアーキテクチャ

(1) NGN の基本構成

　NGN は，IP 技術をベースとする情報転送機能と，さまざまなアプリケーションに対応可能な共通プラットフォームを提供する観点より，その基本構成が設計された．図 8.5 に，NGN の基本構成を示す．NGN は，情報転送機能に対応する「トランスポートストラタム（トランスポート階層）」と，サービス関連機能を受けもつ「サービスストラタム（サービス階層）」の二つの階層からなる．また，NGN と外部とのインターフェースとして，「ユーザ端末との接続点である UNI（user network interface）」，「ほかの電気通信事業者（広域ネットワーク）との接続点である NNI（network node interface）」，「アプリケーションサーバとの接続点である ANI（application network interface）」，「ほかのサービス提供事業者との接続

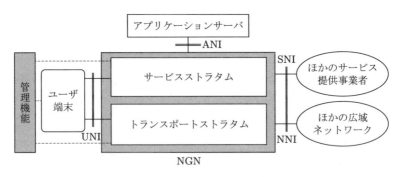

図 8.5　NGN の基本構成（アーキテクチャ）

点である SNI（service network interface）」などが規定されている．ANI は NGN
と制御信号のやりとりのみをサポートし，SNI は制御信号と音声・画像・データな
どのメディア信号のやりとりをサポートする．

　情報転送機能とサービス関連機能を分離する考え方については，電話ネットワー
クにおけるインテリジェントネットワーク（IN：intelligent network）の思想が引
き継がれたと解釈できる．ここで，インテリジェントネットワークとは，呼の接続
機能とサービス制御機能を切り離して，「着信課金電話番号（フリーダイヤル）」，「情
報料課金サービス（ダイヤル Q2）」などの高度通信サービスを迅速かつ容易に提
供する通信ネットワークに対応する．

(2)　トランスポートストラタム

　エンドユーザとの間で，通信品質やセキュリティを確保したうえで IP パケット
を転送する機能群が，トランスポートストラタムに対応する．図 8.6 に，トランス
ポートストラタムの基本構成例を示す．この図が示すように，トランスポートスト
ラタムは，制御機能部と転送機能部に大別される．

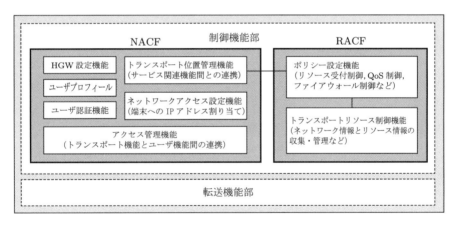

図 8.6　トランスポートストラタムの基本構成例

　制御機能部は，転送系を管理し，通信の受付可否判定を行う「リソース・受付制
御機能（RACF：resource and admission control function）」と，ネットワーク
の接続制御を行う「ネットワークアタッチメント制御機能（NACF：network
attachment control function）」に分けられる．RACF の具体的な役割は，「呼ご
とのリソース受付制御」，「帯域予約と割り当て」，「QoS 制御（優先制御，マーキ

ングなど）」，「ファイアウォール制御」などである．また，NACF の具体的な役割
は，「ユーザ端末の着脱管理（認証・登録，IP アドレスの付与）」，「IP ネットワー
クレベルの識別認証」，「アクセスネットワークの IP アドレス空間管理」，「アクセ
スセッションの管理（各種の通信機器からのパラメータ検出），「接続先情報や
QoS 設定条件の管理制御」などである．

　転送機能部は，ユーザ端末とコアネットワークとの接続機能を提供し，「IP パケッ
トの流入可否判定」，「経路接続」，「情報転送」に加えて，「他ネットワークとの相
互接続」や，「ユーザ端末に向けた音声ガイダンスなどのメディア処理」を受けもつ．

(3)　サービスストラタム

　サービスストラタムは，トランスポートストラタムと連携しながら，ユーザ端末
の発着信機能を提供する．また，「ユーザの認証と事前登録」，「通信先端末の発見」，
「通信条件の交渉」，「ネットワークのリソース把握・制御」などの各種付加機能が
含まれる．**図 8.7** に，サービスストラタムの基本構成例を示す．この図が示すよう
に，サービスストラタムは，「アプリケーション／サービスサポート機能部」，「サー
ビス制御機能部」，「ユーザプロファイル」に分けられる．

図 8.7　サービスストラタムの基本構成例

　アプリケーション／サービスサポート機能部は，多様なアプリケーションの拡張
機能をサポートする役割を提供し，通信ネットワークとアプリケーションの仲介機
能を実現する．サービス制御機能部は，セッションの設定や開放機能などを提供し，
ユーザ端末から送られるセッションの設定要求を受けて，「ユーザ端末のサービス
利用可否の判定」，「RACF へのリソース確保要求」などを実行する役割をもつ．ユー
ザプロファイルは，ユーザの加入条件（契約サービスほか）などの管理に関するデー
タベースに対応する．

　NGN において，電気通信事業者やビジネスパートナー（サードパーティ）が多彩なサービスの提供を行う際の開発・運用環境として，SDP（service delivery platform：サービス提供基盤）とよばれるプラットフォームが提唱されている．従来，電気通信事業者が運用する通信ネットワークは，それぞれ個別に構築されてきたため，各種のネットワークインターフェースは一致していなかった．SDP は，ネットワークインターフェースの違いを吸収してアプリケーション開発を円滑に実現するための仕組みであり，サービスストラタムのアプリケーション／サービスサポート機能と対応づけられる．

　一方，サービスストラタムのサービス制御機能の実装に際しては，IMS とよばれる技術が利用される（8.3.3 項参照）．IMS は，マルチメディアサービス（リアルタイム系）を提供する通信制御の仕組みであり，当初は移動体通信システム向けの規格として提案された．NGN では，固定ネットワークと移動体通信ネットワークの統合（FMC：fixed mobile convergence）を実現する技術として活用される．IMS は，音声や映像，テキストメッセージの交換などを行うためのセッションの生成・変更・切断を行うセッション制御用の SIP を用いる（7.3.3 項参照）．IMS を用いると，加入者情報データベースと通信ネットワークを分離して配備し，ユーザが契約するサービスを通信場所にかかわらず提供することが可能となる．ここで，IMS と連携するアプリケーションサーバの例として，「SIP をベースとするアプリケーションサーバ」，「電話ネットワーク向けアプリケーションインターフェースで規定された OSA（open service access）サーバ」，「移動体通信向けの IN サーバ」などがある．

　NGN では，IP 電話，映像配信（IP-TV など），多地点マルチメディア会議などに加えて，ユーザの通信状態を提供するプレゼンスサービス，携帯電話を用いてグループ内で 1 対多の音声通話を行うサービス，既存の回線交換ネットワークと IMS 系サービスを組み合わせるサービスなど，多様なアプリケーションが実現できる．音声，映像（放送），データ通信を統合するサービスは「トリプルプレイ」，さらに，トリプルプレイに移動通信を統合するサービスは「クワドプレイ」とよばれる．NGN では，そのようなさまざまな通信サービスを組み合わせる際の相乗効果や，新規サービスの創出が期待されている．

8.2.3 　電話ネットワークからNGNへの移行形態

　回線交換をベースとする従来の電話ネットワーク（PSTN/ISDN）は，電話・FAX・データ通信サービスなどを提供している．すべての加入者がIPベースのサービスに移行するとは限らないため，NGNでも既存のユーザ端末（電話機，FAX）をそのまま利用できるように配慮する必要がある．そのような移行形態として，「PSTN/ISDNエミュレーション」と「PSTN/ISDNシミュレーション」の二つが想定される．ここで，それぞれの接続形態の構成を図8.8に示す．

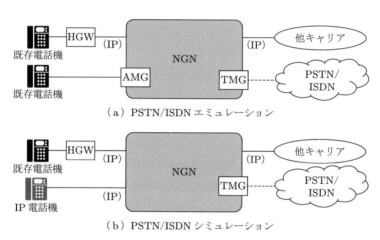

（a）PSTN/ISDNエミュレーション

（b）PSTN/ISDNシミュレーション

図8.8　電話ネットワークからNGNへの移行形態

　図(a)のPSTN/ISDNエミュレーションでは，既存の電話サービスをできる限り忠実に再現して加入者に提供するアプローチをとる．既存の電話機の接続方法としては，アナログ音声信号とIPパケットの変換を行うHGW（home gateway）を介して接続する場合と，既存の電話機をそのままNGNに接続して，アクセスメディアゲートウェイ（AMG：access media gateway）により，アナログ音声信号をIPパケットに変換する場合がある．

　一方，図(b)のPSTN/ISDNシミュレーションは，既存のPSTN/ISDNをそのまま再現するのではなく，IPベースの技術を活用し，新しいマルチメディアサービスを含めて提供することに主眼をおく．この形態では，加入者に対してIPインターフェースのみが提供されるが，HGWにより既存の電話機の利用も可能となる．

　いずれの接続形態でも，NGNとほかのPSTN/ISDNとの相互接続は，TMG（7.3.4項参照）によって行われる．

8.3 ■ 移動体通信ネットワーク

8.3.1 ■ 移動体通信サービスの変遷

移動体通信（移動通信）は，電波を介して通信を行うため，通信ケーブルが必要となる固定通信に比較して，利用場所の制限が少ない柔軟性のある通信サービスを提供する．移動通信は，19世紀後半のマルコーニによる無線通信を起源とするが，広く導入され始めたのは第二次世界大戦後となる．国内においては，1950年代以降，船舶と港湾との通信を目的とする電話サービスや，移動する列車向けの公衆電話サービスなどが開始されている．

移動体通信サービスは，その規格とともに変遷してきており，これを移動体通信の世代とよんでいる．**表8.2**に，各世代の概要を示す．

本格的な公衆陸上移動通信として普及するようになったのは，1979年12月に開始した自動車電話サービスであり，第1世代とよばれる．1987年には，国内初の携帯無線電話（携帯電話）が発売されたが，初期モデルの重量は約900 g であった．第1世代では，元のアナログ音声信号を変調して伝送するアナログ方式を採用し，その用途は音声通話であった．

1990年代半ば以降，アナログ音声信号をディジタル信号に変換して伝送するディジタル方式を採用した第2世代とよばれるサービスが開始する．通信規格としては，日本のPDC（Personal Digital Cellular），北米のD-AMPS（Digital Advanced Mobile Phone System）/IS-54ほか，欧州ほかのGSM（Global System for Mobile communications）などが存在する．また，国内では，簡易携帯電話PHS（Personal Handy-phone System）のサービスも1995年に開始している．第2世代の規格では，無線アクセス方式としてFDMAを用いている（4.1.6項参照）．携帯無線端末（携帯端末）と基地局をつなぐ電波の送受信は，携帯端末から基地局方向（上り）と逆方向（下り）に分けられ，複信方式とよばれる．複信方式は，上りと下りを周波数によって分けるFDD方式と，時間によって分けるTDD方式に分けられるが（4.1.6項参照），第2世代では前者を採用した．第2世代のサービスでは，音声通信だけでなく，インターネットへの接続が可能となり，低速のデータ通信が提供されるようになった．また，携帯端末の小型化・軽量化，さらには通信速度の高速化などに伴って，利用者は急増していった．

2000年代以降，IMT-2000（International Mobile Telecommunications-2000）という無線通信規格が登場し，第3世代とよばれるようになる．この規格は，「固

表 8.2　移動体通信の世代

世代	方式例	商用サービス	無線アクセス方式	用途など
第1	アナログ方式 （NTT 方式ほか）	日本 1979 年〜 2004 年 3 月	FDMA	アナログ音声通信（自動車電話，携帯電話，船舶電話など）
第2	日本 PDC, 北米 D-AMPS, 欧州ほか GSM	1990 年代〜 2010 年代	TDMA-FDD	音声通信，低速データ通信（下り：40〜270 kbit/s）
	PHS	日本 1995 年〜 2023 年 3 月		音声通信，低速データ通信（下り：初期 32 kbit/s〜）
第3	IMT-2000 （W-CDMA, CDMA2000）	2000 年ごろ〜 2020 年代	CDMA-DS, CDMA-MC ほか	音声通信，高速データ通信（下り：384 k〜14 Mbit/s（理論値））
第3.9	LTE ほか	2010 年ごろ〜 2020 年代	上り：Single-carrier FDMA, 下り：OFDMA	音声通信，高速データ通信（下り：最大 300 Mbit/s（理論値））
第4	IMT-Advanced	2010 年代〜 2020 年代	上り：Single-carrier FDMA, 下り：OFDMA	音声通信，高速データ通信（下り：最大 3 Gbit/s（理論値））
第5	IMT-2020	2020 年ごろ〜	上り：Single-carrier FDMA, 下り：OFDMA	音声通信，高速データ通信（下り：最大 20 Gbit/s（理論値））
第6	IMT-2030	2030 年ごろ目標	—	高速データ通信（下り：最大 100 Gbit/s 以上（目標値）など）

［注］　無線アクセス方式については，4.1.6 項参照.

定電話並みの通信品質の達成」,「一つの無線端末（携帯端末）による世界中での利用」,「マルチメディア通信の実現」などを目標として，標準化組織 ITU の無線部門 ITU-R（ITU Radiocommunication Sector）において取りまとめられた. IMT-2000 の検討に際しては，3GPP および 3GPP2 とよばれる組織が 1998 年 12 月から 1999 年 1 月にかけて設立され，第 4 世代以降の規格策定にも関わっている. IMT-2000 には複数の規格が存在し，その代表例が，符号分割多元接続 CDMA（4.1.6 項参照）を用いる W-CDMA（Wideband Code Division Multiple Access）や CDMA2000 である. 無線アクセス方式としては，スペクトル拡散方式と CDMA を組み合わせた CDMA-DS（Direct Spread）や，複数帯域をチャンネル

として利用する CDMA-MC（Multi-Carrier）などが採用されている．

2010 年には，高速化と低遅延の実現を目指した通信規格 LTE（Long Term Evolution）によるサービスが国内で開始された．LTE は第 3.9 世代または第 4 世代とよばれ，無線アクセス方式として，下り方向に OFDMA をベースとする方式が採用された（4.1.6 項参照）．使用する周波数帯域全体を一括して管理する従来方式に比べて，OFDMA では，複数のサブキャリアを選択して利用することで，より多くの携帯端末が一つの無線基地局に収容可能となる．また，LTE は，無線信号の送受信に際して複数のアンテナを用いる MIMO（3.6.5 項参照）を採用する方法により，通信速度のさらなる高速化を実現した．

さらに，2010 年代に入って，IMT-Advanced とよばれる第 4 世代の通信規格のサービスが開始されている．これには，3GPP が策定した LTE-Advanced と，IEEE が策定した WiMAX 2（Worldwide Interoperability for Microwave Access 2, IEEE 802.16m）の二つの規格が含まれる．IMT-Advanced では，複数の周波数帯域を束ねて利用するキャリアアグリゲーション（CA：carrier aggregation），MIMO の拡張技術，無線基地局間の干渉の低減技術などの導入により，通信速度のさらなる高速化を目指した．

2020 年前後より，従来方式と比較して「高速・大容量化」，「超低遅延・超高信頼性」，「超多数端末接続」などを目標に，通信規格 IMT-2020 をベースとする第 5 世代のサービスが開始された．「高速・大容量化」の背景としては，ウェアラブルデバイスの本格的な普及や，4K/8K 動画に代表される動画コンテンツの大容量化が挙げられる．「超低遅延・超高信頼性」は，ロボットの遠隔操作や触感通信など，ミリ秒オーダの低遅延が要求される応用を目標として提案されたものである．「超多数端末接続」は，IoT（Internet of Things）に代表されるような，センサを多数ネットワークに接続して情報収集を行う利用形態を念頭に置いたものである．

8.3.2 ■ 移動体通信ネットワークの基本構成

移動体通信ネットワークは，セルとよばれる一つの無線基地局がカバーするエリアを単位として構成される．セル構成は，サービスエリア全体を一つの無線基地局によりカバーする「大ゾーン方式」と，サービスエリアを複数に分割し，それぞれに無線基地局を設置する「セル方式」に分けられる．セル方式では，ある携帯端末が通信している際にそのセルの範囲から出て，別のセルの範囲へ移動しても，移動先の基地局と通信が実現できる仕組みが用いられている．このとき，一つのセルは，

無線基地局から数百 m〜4 km 程度の円形サイズであり，人口密度などを考慮して決定される．

　携帯端末は無線基地局からの電波を絶えず監視しており，移動先のセルの電波強度が強くなった場合には，無線基地局に通知して接続先を切り替える制御が実行される．通話中でも自動的に移動先のセルの無線チャンネルに切り替える処理は，「ハンドオーバ」とよばれる．このような無線基地局の切り替え制御に際して，コアネットワーク内の加入者情報サーバ内に，携帯端末の位置情報が登録される．

　なお，無線基地局ではなく，地球上空を周回する通信衛星と携帯端末を直接的に接続する方式も存在する．通信衛星と携帯端末を直接接続する方式は，通信速度などの点で制約はあるが，カバーエリアを大幅に拡大できるメリットがある．

　移動体通信ネットワークの接続構成は，世代ごとに異なっている．ここで，第3世代，第4世代，第5世代のネットワークの基本構成を図8.9に示す．移動体通信ネットワークは各世代ともに，「アクセスネットワーク」と「コアネットワーク」に分けられる．携帯端末から送信される情報信号は，アクセスネットワークの無線基地局を介してコアネットワーク内の通信装置に送られ，さらに外部ネットワーク

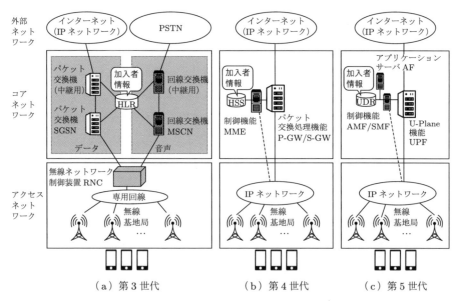

図8.9　移動体通信ネットワークの基本構成[†]

[†]　MSCN：mobile-services switching center node, SGSN：serving GPRS support node, RNC：radio network controller, HLR：home location register, UDR：unified data repository.

へ伝送される．また，携帯端末が受信する情報信号は，外部ネットワークからコアネットワーク内の通信装置，さらに無線基地局に向けて伝送される．

第3世代のネットワークでは，音声通信とデータ通信は分離され，それぞれコアネットワークの回線交換機とパケット交換機で処理される．コアネットワークの各構成要素は，それぞれ PSTN（公衆交換電話ネットワーク）とインターネット（IP ネットワーク）に接続される．一方，第3世代以降では，回線交換機は存在せず，パケット交換のみによるデータ伝送となり，ネットワーク内のデータ伝送はすべて IP 化される．

第4世代のネットワークでは，携帯端末の位置管理やセッション管理などを行う制御装置 MME（mobility management entity），ユーザデータの伝送処理を行う S-GW（serving gateway），外部ネットワークに接続するための P-GW（packet data network gateway）が，コアネットワークの中核となる．このとき，コアネットワークは，EPC（evolved packet core）とよばれる．外部ネットワーク先は IP ネットワークとなり，PSTN には変換装置を介して接続される．

第5世代のネットワークでは，ユーザデータを扱う U-plane 機能（UPF：user plane function）と，制御信号を扱う C-plane 機能群が明確に分離される．このとき，第4世代の MME の機能分担も再整理され，位置管理を受けもつ AMF（access and mobility management function）と，セッション管理を受けもつ SMF（session management function）に分離される．また，S-GW や P-GW と同様の U-plane 処理に特化した機能を UPF と見直すとともに，アプリケーションサーバ AF（application function）なども新たに付加されることになった．ただし，第3世代から第5世代までの移行期間を設定し，相互の連携機能を考慮する仕組みが必要となる．

8.3.3 ■ IMS

IMS（IP Multimedia Subsystem）は，IP ベースのマルチメディア通信サービスの提供を目的として，第3世代規格の標準化を行った 3GPP/3GPP2 により取りまとめられた．IMS は，移動体通信ネットワーク，無線 LAN（5.5 節参照），NGN（8.2 節参照）などの通信ネットワークを介してサービス制御が可能であり，ユーザが契約した電気通信事業者やローミング先などからの利用を実現する．

IMS では，さまざまな通信サービスを提供する際，各サービス間で共通する基本仕様が取りまとめられている．その具体例として，「セッション制御（ユーザ識別，

サービスへの接続・切断など）」，「通信品質や優先度を保証する QoS（quality of service）制御」，「課金管理」などが挙げられる．従来は，通信ネットワークとそのサービス関連の制御機能（認証・課金，メディア制御，各種サービス）が密接に結び付いていたため，個々の通信ネットワークごとにシステムを構築する必要があった．したがって，ネットワーク制御部とサービス提供部を分離して共通化し，個々のネットワーク構成に影響されることのないプラットフォーム環境が実現できれば，より柔軟に新しい通信サービスが提供可能となる．このように，ネットワークインフラに依存することなく，通信サービスを提供できる仕組みとして，IMSが提案された．

　IMS の基本構成を図 8.10 に示す．IMS は，IP ネットワーク（IP トランスポートネットワーク）とは独立したアプリケーションレベルのセッション制御の仕組みであり，呼制御では SIP が用いられる．IMS の構成要素（エンティティ）は，「SIPサーバに相当する CSCF（call session control function）」，「ユーザ情報を格納する HSS（home subscriber server）」，「メディアを制御する MRF（media resource function）」，「各種の IMS アプリケーション機能を提供するアプリケーションサーバ AS（application server）」などからなる．CSCF は，無線端末（IMS 端末）が存在する他通信事業者などの在圏ネットワーク内に置かれ，その端末と相互接続する「P-CSCF（proxy CSCF）」，IMS ホームネットワーク内に置かれ，加入者情報により呼制御を行う「S-CSCF（serving CSCF）」，他ネットワークとのゲートウェイ機能をもつ「I-CSCF（interrogating CSCF）」などに分類される．S-CSCF は，メディアゲートウェイ制御サーバ（MGCF：media gateway control function）と

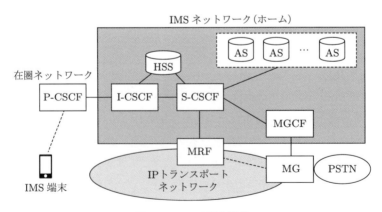

図 8.10　IMS の基本構成

連携する機能も受けもつ．MGCF は，SIP と PSTN の呼制御プロトコルを変換し，PSTN と IP ネットワーク間の境界に置かれ，音声信号と IP パケットの変換処理を行う MG（7.3.4 項参照）を制御する．

8.4 センサネットワーク

今日では，各種の通信端末だけではなく，家電製品や電子機器などのさまざまなモノがインターネットに接続される IoT（Internet of Things）の時代となっている．IoT の応用事例の一つに，「データの収集・分析」がある．通信ネットワークに接続されたセンサで周辺環境などの情報を取得し，コンピュータが取得情報を分析する仕組みをセンサネットワークとよび，その果たす役割の重要性が高まっている．機械と機械（モノとモノ）が通信ネットワークを介して，遠隔のデータを取得したり，電子機器（センサデバイスなど）を制御したりするための仕組みは，M2M（machine to machine）とよばれる．

M2M 通信は，機械どうしが人手を介さずに，通信を自動的に接続するコンセプトを意味し，「渋滞緩和や事故回避などの交通管理」，「ビル・工場などの施設・環境管理」，「オフィスなどの防犯・セキュリティ管理」，「家庭内の電力使用監視や家電制御」，「自動販売などの在庫管理」，「河川などの防災・災害対策」，「農作物の生育状況の監視」など，さまざまな応用事例が挙げられる．

M2M 通信を実現するセンサネットワークの基本構成例を図 8.11 に示す．この

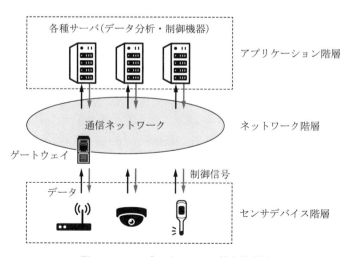

図 8.11　M2M ネットワークの基本構成例

図が示すように，M2M ネットワークは，「センサデバイス階層」，「ネットワーク階層」，「アプリケーション階層」に分けて整理できる．通信ネットワークに接続されたセンサは，通信ネットワークを介して取得データをアプリケーション階層に転送する．このとき，センサデバイスが直接にアプリケーション階層内の電子機器と通信できない場合には，ゲートウェイがデータの集積・中継・変換機能などの役割を担う．アプリケーション階層内の各種の電子機器（サーバ）は，受信したデータを分析するとともに，必要に応じてセンサデバイスに制御信号を送信する．

　センサデバイス階層とネットワーク階層をつなぐ方式として，「無線 LAN（5.5節参照）」，「ZigBee」，「RFID（radio frequency identifier）」，「Bluetooth」，「IrDA（Infrared Data Association）」などが挙げられる．

- ・ZigBee：センサネットワークへの適用を主目的とする近距離無線通信規格の一つであり，伝送速度が低く（20～250 kbit/s 程度），かつ伝送距離も限られるが（室内環境 10～100 m 程度，増幅器により数 km），安価で消費電力が少ないという特徴をもつ．
- ・RFID：ID 情報を埋め込んだ RF タグにより情報を取得する方式を指す．RFID は，RF タグのコイルとリーダのアンテナコイル間を磁束結合させて信号を伝達する「電磁誘導型（伝送距離 1 m 程度）」や，RF タグのアンテナとリーダのアンテナ間で電波により信号を伝達する「電波方式（伝送距離 3～5 m 程度）」などに分けられる．ここで，伝送速度は数 k～30 kbit/s 程度となる．
- ・Bluetooth：ディジタル機器用の近距離無線通信規格の一つであり，無線 LAN に比較して消費電力が少なく，長時間継続して利用する形態に向いている．伝送速度は 1～24 Mbit/s であり，伝送距離はパワークラスで 10～100 m，ほかのクラスで最大 10 m 以下となる．
- ・IrDA：赤外線を利用した近距離データ通信の技術標準を策定する業界団体や規格を指す．関連する規格の例として，1 対 1 で高速なデータ通信を行うための IrDA DATA（伝送距離 1 m 程度，伝送速度 16 Mbit/s）や，複数の周辺機器と双方向に通信を行うための IrDA Control（伝送距離 8 m 程度，伝送速度 75 kbit/s）などが存在する．

　各種方式は，実環境への設置に際して，消費電力，伝送速度，伝送距離などを考慮して選択される．

演習問題

8.1 回線交換における共通線信号方式のメリットを記載せよ.

8.2 加入者交換機の構成要素と，それぞれの役割を整理せよ.

8.3 NGN の構成要素と，それぞれの役割を整理せよ.

8.4 NGN において，IMS と連携するアプリケーションサーバの例を記載せよ.

8.5 電話ネットワークから NGN への移行形態例（2 種類）と，それぞれの特徴を整理せよ.

8.6 移動体通信の世代別の無線アクセス方式を整理せよ.

8.7 移動体通信ネットワーク（第 3 世代，第 4 世代，第 5 世代）の構成要素と，それぞれの役割を整理せよ.

8.8 M2M 通信の応用事例を記載せよ.

9 通信ネットワークの管理・評価関連技術

社会基盤の一つとして位置づけられる通信ネットワークに障害が発生した場合には，人々の日常生活を含めて，社会全体に多大な影響を及ぼす．このため，通信ネットワークの稼働状態を絶えず監視し，適切に運用管理する必要がある．また，近年においては，ネットワークセキュリティの問題が顕在化しており，企業や個人の情報を保護するための対策技術の重要性が増している．本章では，通信ネットワークを適切に運用するための管理評価技術として，通信ネットワークの管理技術，ネットワークセキュリティ，通信品質の評価管理技術について述べる．

9.1 通信ネットワークの管理技術

9.1.1 通信ネットワークの管理技術の概要

通信ネットワークは,企業内ネットワークや,電気通信事業が運営する大規模ネットワークを含めて，さまざまなタイプに分けられる．これらの通信ネットワークで発生する通信障害の事例として，「ハードウェア障害」，「ネットワーク内の輻輳（通信トラヒックの急増）」，「意図的な外部攻撃」などがある．ハードウェア障害は，「通信機器の故障（要因例：老朽化，電磁障害［雷，静電気放電ほか］，地震などの自然災害，その他）」と「人為的な設定ミス」に大別される．

通信ネットワークを適切に管理する際には，「設置された通信機器の稼働状況」，「通信トラヒックの変動状況」，「通信機器やサーバのログの記録」などの項目を監視する．とりわけ，企業や電気通信事業者が運用する中大規模ネットワークについては，一元的なネットワーク管理が求められる．こうした中大規模のネットワークでは，オペレーションシステムにより，通信機器の動作状況や，通信トラヒックの変動状況などを遠隔で監視する．通信機器やサーバのログとは，それぞれ内部の動作履歴を指し，「認証ログ（ログイン情報など）」，「操作ログ（電源オン・オフ，ファイル閲覧など）」，「アクセスログ（他サーバへの接続など）」，「イベントログ（異常イベント，ファイルアクセスなど）」，「通信ログ（PC〜サーバ間の通信内容など）」，「エラーログ（システムエラーなど）」といった種類があり，必要に応じてネットワー

ク管理者が分析する.

　通信ネットワーク管理技術については，1980年代以降に標準化が進められて
いった．以下に，代表的な標準化機関の取り組み事例を整理する.

(1)　ITU-T

　通信ネットワーク運用管理の標準化に関しては，ITU-T SG4（第4研究委員会）
が主導して，M.3000シリーズ勧告TMN（Telecommunications Management
Network：電気通信管理網）が取りまとめられている．本勧告は，ネットワーク運
用管理の国際標準の原点であり，その中では「エレメント（装置）管理レイヤ」，「ネッ
トワーク管理レイヤ」，「サービス管理レイヤ」，「ビジネス管理レイヤ」の階層モデル
が提案された（**図9.1**参照）．エレメント管理レイヤは，通信ネットワークを構
成する通信機器（エレメント）の運用保守に関する概念であり，エレメントの制御
と調整，さらには監視情報の収集などがその役割となる．ネットワーク管理レイヤ
は，下位のエレメント管理レイヤと連携し，収集した情報を用いて広域ネットワー
クの性能管理および障害管理を行う．サービス管理レイヤは，契約ユーザとのサー
ビス契約の内容に関与し，サービスオーダや苦情対応の取り扱いなどに用いられる.
ビジネス管理レイヤは，電気通信事業者の事業運営に関わるものであり，新しい最
適なリソース投資などに活用される．また，この階層モデルにおいて通信ネットワー
ク管理を実現する機能ブロックが規定されている.

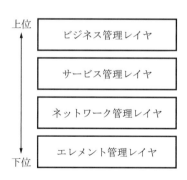

図9.1　TMN管理階層モデル

(2)　ISO

　OSI参照モデル（1.6節参照）は，異機種間の相互通信に向けた枠組みとして,
ISOにより提案された．このOSI参照モデルでは，七つの階層に分けて通信機能
の役割を規定している．通信ネットワークの管理操作を体系化する手段としては,

以下に示す五つの機能モデルが定義されている.

- **障害管理**（fault management）：通信ネットワーク障害の検出，ログ収集，回復処理など
- **構成管理**（configuration management）：通信システム構成（通信機器および接続状態など）の監視
- **課金管理**（accounting management）：通信ネットワーク資源の利用状況（利用時間，送受信データなど）の監視，課金処理など
- **性能管理**（performance management）：通信システム性能に関わる情報（トラヒック変動，通信機器の利用率など）の監視，しきい値を超えた場合の警告など
- **セキュリティ管理**（security management）：ネットワークアクセス制御，認証，不正アクセスの監視など

　以上の五つの機能の頭文字をとって，FCAPS モデルとよばれる．通信ネットワークのシステム管理において，管理対象となる構成要素は管理オブジェクトと定義される．ここで，管理側のシステムはマネージャ，管理される側のシステムはエージェントとよばれる．マネージャとエージェントで管理情報を交換するための手順は，共通管理情報プロトコル（CMIP：Common Management Information Protocol）として取りまとめられた（ITU-T X.700 シリーズ）.

(3)　IETF

　IP 技術をベースとする通信ネットワークの標準化は，おもに IETF により推進されてきた．IP ネットワーク運用管理に関するプロトコルとして，ルータやサーバなどの通信機器を遠隔で監視・制御する SNMP が提案されている（6.6.2 項(6)参照）．SNMP は，遠隔で通信機器の稼働状態やトラヒックの監視などを行うことができ，業界標準の通信ネットワーク管理用プロトコルとして活用されている．ITU-T で取りまとめられた CMIP は，SNMP に比較してより強力な機能をもつ一方で，操作が複雑である．そのため，現状では SNMP が IP ネットワークの管理でより広く利用されている.

9.1.2 ■ IP ネットワークの監視技術

　相対的に規模の大きい通信ネットワークは，数多くの通信機器から構成されており，障害が発生した場合には，復旧までに多くの時間を要する可能性がある．このため，通信ネットワークの運用に際しては，通信機器を常時監視して稼働状況を把握する必要がある．

(1)　通信ネットワーク監視

　通信ネットワークの監視項目は，「通信機器の稼働状態の監視」，「通信トラヒック監視」，「ログ・トラップ監視」などに分けて整理できる．

・**通信機器の稼働状態の監視**：Windows や Unix/Linux などの ping コマンドを用いて，ICMP Echo パケットを監視対象とする通信機器（ルータ，スイッチ，サーバなど）の IP アドレスに対して送信することで，通信機器やポートの稼働状態を監視できる．そのほか，Unix/Linux の head コマンドを Web サーバに送信する方法や，SNMP パケットを送信する方法でアプリケーションの動作状態を確認できる．また，Unix/Linux のコマンド（例：iostat, vmstat など）や SNMP を用いて，対象機器の性能レベル（CPU 使用率，メモリ使用率など）を監視できる．

・**通信トラヒック監視**：IP ネットワークを流れるパケット量（通信トラヒック）が急激に増加すると，データ転送時の遅延や，パケットロスなどの問題が発生する．このため，平均トラヒック量，最大トラヒック量などを監視して IP ネットワークの使用状況を把握することで，通信トラヒック急増時の予防対策や，将来のネットワーク設計に向けた情報収集を行うことができる．

・**ログ・トラップ監視**：ルータやサーバなどの通信機器には，9.1.1 項で記したように，動作履歴（ログ）が記録される．また，通信機器にハードウェアエラーなどを検知したときに，SNMP エージェントから管理側の SNMP マネージャに向けて通知する設定を行うことができる．これは，緊急に対応が必要な事象などに利用され，管理者への警告表示やメール送信などにより通知する仕組みが用いられる．

(2)　SNMP の概要

　IP ネットワークに接続された通信機器の稼働状態や，さらには IP ネットワーク上のパケットの変動（通信トラヒック）についても，SNMP を用いて遠隔で監視

できる．**図9.2**に，SNMPの基本構成を示す．SNMPは，管理側のシステム（監視サーバ）で動作するSNMPマネージャと，管理対象の通信機器上で動作するSNMPエージェントに分けられる．SNMPマネージャは，管理アプリケーションの設定に基づいて，エージェントに対して管理情報を指定した要求パケット（メッセージ）を定期的に送信する．SNMPエージェントは，要求パケットを受信すると，指定された管理情報を応答パケットで返信する．ここで，SNMPマネージャからSNMPエージェントに対して定期的に情報を取りにいく処理は，SNMPポーリングとよばれる．

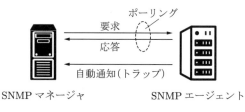

図9.2　SNMPの基本構成

ただし，前述したように，通信機器にハードウェアエラーなどを検知したときには，SNMPエージェントからSNMPマネージャに向けて自動通知する設定を行うことが可能である．事前に設定したしきい値を超えた場合に，SNMPエージェントから管理者に通知する処理は，SNMPトラップとよばれる．

SNMPでは，MIB（management information base）とよばれるデータベースで，監視対象とする通信機器の情報を一元的に管理する．SNMPマネージャは，SNMPエージェントが取得したMIBの内容から対象機器の状態を判断する．このMIBを記録したファイルはMIBファイルとよばれ，格納される情報は，オブジェクトとよばれる単位で，対象機器の配置に応じて階層的に管理される．個々の管理情報にはOID（object ID）とよばれる識別子が付与される．

MIBは，標準MIBと拡張MIBに大別される．標準MIBはIETFで標準化された規格であり，拡張MIBは開発ベンダー固有の規格などに対応する．標準MIBには，通信機器に関する各種の情報が格納されており，「システムグループ」，「インターフェースグループ」，「アドレス変換グループ」，「IPグループ」，「ICMPグループ」，「TCPグループ」，「UDPグループ」，「SNMPグループ」，その他の複数のグループに分類される（**表9.1**参照）．

表 9.1 標準 MIB のオブジェクトグループの管理情報例

グループ名	管理情報の具体例
システムグループ	対象機器の名称・バージョン名, 起動後からの経過時間, 管理者の連絡先, ホスト名, 設置場所
インターフェース グループ	対象機器のインターフェース数, インターフェース番号, 送受信できる IP データグラムの最大長, 転送スピード, インターフェースが受信した バイト数, 廃棄されたパケット数, 受信したエラーパケット数
アドレス変換 グループ	ネットワークアドレスと物理アドレスの変換テーブル情報, 対応するイン ターフェースの物理アドレス, 物理アドレスに対応するネットワークアド レス
IP グループ	受信した IP データグラム数, IP ヘッダエラー総数, 誤送信による廃棄 IP データグラム数, 正常にフラグメント化された IP データグラム数, IP アドレス
ICMP グループ	ICMP メッセージ受信総数, 送信した ICMP エラーメッセージ総数, 送 信した ICMP 時間超過メッセージ数
TCP グループ	通信機器がサポートする最大 TCP コネクション数, TCP コネクション 総数, TCP セグメントの受信総数, TCP セグメントの送信総数
UDP グループ	UDP データグラムの送信数, UDP データグラムの受信数, UDP データ グラムの廃棄数
SNMP グループ	SNMP エージェントが受信したメッセージ総数, SNMP の送信要求数, 未定義のプロトコルバージョンを検出した受信メッセージ数

9.1.3 通信機器の管理設定技術

　情報通信技術の進展とともに, 企業や学校法人などは, ルータやサーバなどの通信関連機器を導入し, 自らの施設内に組織内ネットワークを構築した. しかし, 中大規模ネットワークの運用管理は複雑化する方向にある. 事業拠点ごとに異なる開発ベンダーの通信機器が配置されるケースなどもあり, 多様化する通信ネットワーク環境を管理するための運用スキルの継承が課題となる.

　中大規模ネットワークの運用に際して, ルータやスイッチなどの通信機器の設定管理の負荷は増加傾向にある. このため, 各種の通信機器を効率的に一元管理する技術の実現が求められる. こうした状況のなか, 通信機器の設定や挙動をソフトウェアによって集中的に管理する技術として, SDN (software-defined networking) とよばれる概念が提案された. 従来のコンピュータネットワークの運用時には, 個々の通信機器に対して独自の制御ソフトウェアを用いて設定する必要があり, 保守稼働

の効率性の点で課題があった．一方，SDN では，単一のソフトウェアにより多数の通信機器を集中的に管理・制御することが可能となる．

ここで，SDN の基本構成例を図 9.3 に示す．SDN では，通信機器の制御機能（コントロールプレーン）と，データ転送機能（データプレーン）に分離される．この構成により，データ転送機能をもつ通信機器（ルータ，スイッチ，ファイアウォールなど）は，コントロールプレーンに置かれる SDN コントローラ（管理システム）によって一元的に管理される．コントロールプレーンとデータプレーンのインターフェースは外部公開され，データプレーンの構成要素である通信機器を効率的に管理できる．

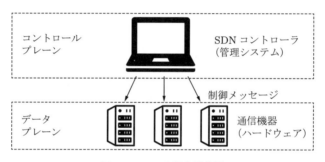

図 9.3　SDN の基本構成例

SDN を実現する技術の一つに，OpenFlow がある．OpenFlow は，業界団体 ONF（Open Networking Foundation）が策定した標準規格であり，共通インターフェースを介して，通信機器の一元的な集中管理を実現する．OpenFlow では，従来は個々の通信機器内に置かれていた制御機能とデータ転送機能を分離し，外部の制御装置（OpenFlow コントローラ）が複数の通信機器（OpenFlow スイッチ）の設定を一括管理する．ネットワーク管理者は，OpenFlow スイッチの設定条件を記述した「フローテーブル（flow table）」を作成し，OpenFlow コントローラにより配送する．フローテーブルに記述する項目例としては，ルータやスイッチの「物理ポートの番号」，「送信元・宛先 MAC アドレス」，「送信元・宛先 IP アドレス」，「VLAN ID」，「MPLS ラベル」，「TCP/UDP のポート番号」などがある．ただし，既存の通信機器と OpenFlow 対応機器の併用に制約があることや，OpenFlow 対応機器の運用・開発コストなどの点で課題があり，実環境での導入は必ずしも進んでいるわけではない．

9.2　ネットワークセキュリティ

9.2.1 ■ コンピュータネットワークのセキュリティ問題

　インターネットの普及とともに，ネットワークセキュリティに関連する潜在的なリスクが拡大し，問題も複雑化している．近年においては，コンピュータシステムへの不正アクセスによる情報漏洩事件も多発しており，情報セキュリティ管理が適切になされていない環境では，管理者が知らない間にセキュリティ問題が発生している可能性がある．

　ネットワークセキュリティ問題の具体事例として，「情報の盗聴」，「情報の改ざん」，「他者へのなりすまし」，「通信障害」，「その他」がある．それぞれの内容と発生要因の具体例を**表 9.2** に示す．この表に示すように，インターネットではさまざまな問題事例が発生しているが，大別すると，「不正アクセス」，「コンピュータウィルス」，「ワーム」，「暗号解読」，「スパム（spam）メール」，「外部攻撃」，「その他（例：不正な機能をもつ USB）」に分類できる．

表 9.2　ネットワークセキュリティの問題事例

名称	内容	不正手段例
情報の盗聴 （情報漏洩）	他者のコンピュータ内部のデータや，コンピュータネットワークを流れるデータを傍受して，情報を取得する行為．暗号化されているデータの取得では，暗号解読技術が用いられる．	不正アクセス，コンピュータウィルス，マルウェア，暗号解読
情報の改ざん	他者のコンピュータ内部のデータや，コンピュータネットワークを流れるデータを書き換える行為．Web サイトの書き換えや，不正侵入の痕跡を消すためのログイン履歴の改ざんなどが具体例となる．	不正アクセス，コンピュータウィルス，マルウェア，暗号解読
なりすまし	他者のメールアドレス，パスワード，クレジットカード番号などを不正に使用し，当事者に代わってメール送信，ログイン，カードショッピングなどを行う行為．スパムメールによる偽サイトへの誘導は，フィッシング詐欺とよばれる．	不正アクセス，コンピュータウィルス，マルウェア，スパムメールなどによる情報漏洩
通信障害	他者のコンピュータが正常に動作しないように，コンピュータウィルスなどによりダメージを与える行為．また，大量のデータを送信して Web サイトが閲覧できない状態にする行為なども含まれる．	コンピュータウィルス，マルウェア，サイバー攻撃，不正 USB

・**不正アクセス**：アクセス権限をもたない第三者が，コンピュータシステム内部へ侵入する行為を指す．このとき，不正なプログラム（マルウェアなど），盗聴，暗号解読，パスワード解析などにより，パスワードが事前に不正取得（パスワードクラック）され，コンピュータシステムにログインして侵入される可能性がある．また，不正アクセスに際して，コンピュータにパケットを送信して，コンピュータのポートの利用状態を事前調査するポートスキャンとよばれる処理が行われるケースもある．

・**コンピュータウィルス**：他者の情報取得やコンピュータの誤動作を目的とした，悪意のあるプログラムを指す．コンピュータウィルスは，迷惑メールに添付されているケースや，Web 閲覧時に感染するケースなどが想定される．感染したコンピュータ上でプログラムを実行したときに，不正な動作が開始する．

・**ワーム**：ユーザの意図に反してコンピュータの中に侵入し，悪意のある動作を実行するプログラムを指す．ワームは，情報をひそかに収集するスパイウェアや，第三者がコンピュータの遠隔操作を行うボットなどに分類される．また，このほかに，一見しただけでは問題のない文書ファイルなどに偽装して侵入し，外部からの指令によってコンピュータなどを不正に操作するタイプもあり，「トロイの木馬」とよばれる．なお，コンピュータウィルス，ワーム，トロイの木馬などを総称して，マルウェアとよぶこともある．

・**暗号解読**：暗号化されたデータ（情報）を第三者が不正に元のデータに戻す行為を指す（9.2.3 項(1)参照）．

・**スパムメール**：受信者の意向を無視して，無差別かつ大量に一括して配信されるメッセージメールを指す．スパムメールには，コンピュータウィルスが添付されていたり，第三者の情報を抜き取るための偽サイトへ誘導するフィッシング攻撃が埋め込まれていたりするケースなどがある．

・**外部攻撃**：DoS（denial of service attack）攻撃は，ルータやコンピュータなどの通信関連機器に対して，大量のアクセスやデータ送信によって負荷をかけて，処理能力を低下させる行為を指す．なお，特定のコンピュータに対して，多地点のコンピュータから一斉に外部攻撃を行うことは，DDoS（distributed denial of service）攻撃とよばれる．

9.2.2　セキュリティ対策の概要

ネットワークセキュリティ被害の脅威に備えるためには，通信機器やソフトウェ

アの脆弱性を解消するとともに，複数のセキュリティ対策（多層防衛）を施すことが重要である．脆弱性とは，コンピュータなどの通信機器や通信ネットワークが抱えるセキュリティ上の弱点であり，システム設計や仕様上の問題，さらには，プログラム上のバグなどに起因する．OS やプログラムに起因する脆弱性は，セキュリティホールともよばれる．インターネットに公開しているサーバの脆弱性の事例として，「不正アクセスによるホームページの改ざん」や「第三者によるコンピュータの乗っ取り（外部攻撃向けの踏み台など）」が挙げられる．このため，コンピュータの OS やプログラムを絶えず最新のバージョンにアップデートするとともに，セキュリティ対策ソフトを導入するなどの対策が求められる．

　前述した通信機器やソフトウェアの脆弱性を防いだうえで，表 9.2 に示すようなネットワークセキュリティ問題に対する対策技術を施す．具体的には，「送信データの盗聴防止（例：暗号化通信）」，「外部ネットワークからの不正アクセスの防止（例：ファイアウォール，NAT）」，「外部ネットワークからの不正アクセスの監視（例：侵入検知システム，侵入防止システム）」，「ネットワークユーザ権限の確認（例：ユーザ認証，IEEE 802.1X 認証）」，「コンピュータウィルス感染対策（例：セキュリティ対策ソフト）」などを行う．

9.2.3 ■ セキュリティ対策技術の具体事例

（1）送信データの盗聴防止

　Web サイトへのログインアクセス時や，コンピュータ間でのデータ送信時などには，第三者にその内容を盗聴されない仕組みが必要となる．こうした問題への対策技術の代表例として，暗号化技術が挙げられる．暗号化とは，第三者により不正に情報（データ）を見られるのを防止するために，元の情報を解読できないように加工する処理を指す．このとき，元の情報は「平文」，暗号化された情報（暗号文）を元に戻す処理は「復号（復号化）」とよばれる．暗号化は，ファイルやフォルダの暗号化に加えて，電子メールでのデータの送受信，Web サイトとの情報交換などで用いられる．

　暗号化および復号の処理手順例を図 9.4 に示す．暗号化および復号は，情報の送信者と受信者の間で共有される暗号化アルゴリズムにより実行される．このとき，暗号鍵とよばれるデータを用いた暗号化アルゴリズムを設定するのが一般的である．なお，暗号化は，暗号化と復号に同じ鍵を用いる「共通鍵暗号方式」と，異なる鍵を用いる「公開鍵暗号方式」に大別される．

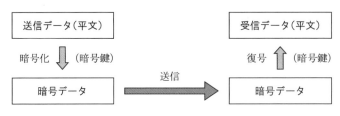

図 9.4　暗号化および復号の処理手順例

■共通鍵暗号方式

共通鍵暗号方式（common-key cryptosystem/cryptography）は，暗号化と復号に同じ鍵を用いる方式であり，データ送信者はデータ暗号化後，その鍵の情報をデータ受信者と共有する必要がある．この方式は，ファイルやデータの暗号化にかかる処理速度が早い点がメリットとなるが，データの送信対象者の増加とともに管理する鍵が増える点や，送信した鍵が第三者に盗まれる危険性がある点が課題となる．

共通鍵暗号方式の代表的なアルゴリズムの例として，DES（Data Encryption Standard）や AES（Advanced Encryption Standard）が挙げられる．DES は，データを 64 ビット長のブロック単位で分割し，ビット位置の変更（転置），置き換え（置換），XOR 演算処理などを組み合わせた処理を施すアルゴリズムである．ただし，56 ビット長の短い鍵で暗号化するため，AES に比較して第三者に傍受されやすい．AES は，無線 LAN や SSL 通信での盗聴防止に用いられるアルゴリズムであり，データを一定のブロック単位で分割し，置き換え・並べ替えのセットを複数回繰り返す処理を施す．AES の鍵長は，128, 192, 256 ビットから選択可能であり，DES に比較して安全性が強化されている．なお，データ通信時の暗号化に際して用いられる IPsec（7.2.3 項参照）については，共通鍵方式が採用され，DES を含む複数のアルゴリズムから選択される．

■公開鍵暗号方式

公開鍵暗号方式（public-key cryptosystem/cryptography）は，暗号化と復号に異なる鍵を用いる方式である．この方式では，暗号化の鍵は一般に公開される公開鍵（public key）とし，復号に使う鍵は受信者のみが知る秘密鍵（private key）とする．送受信者間で秘密鍵のやりとりは実施されないため，共通鍵方式に比較して安全性は高くなる．その一方で，共有鍵方式よりも複雑な計算が必要になるため，処理時間は長くなる．代表的な暗号化アルゴリズムの例に，素因数分解の仕組みを応用した RSA 方式（Rivest-Shamir-Adleman scheme）や，離散対数問題とよば

れる数学の問題を応用した Elgamal 暗号（Elgamal encryption）がある.

　公開鍵暗号の応用例として，ディジタル署名や SSL/TLS 通信（7.2.3 項参照）
が挙げられる．ディジタル署名とは，データ（電子文章）の作成者を認証する技術
の一つである．送信データの一部にハッシュ値[†]を挿入して，それを受信側で検証
することで，送信過程での改ざんの有無を検知する.

　SSL/TLS 通信を用いた Web サーバとの通信手順例を図 9.5 に示す．このとき，
SSL/TLS 通信では，「共通鍵暗号化方式」の効率性と「公開鍵暗号方式」の安全
性を兼ね備えた「ハイブリッド方式」が通常用いられている.

- ・**①接続要求**：クライアント端末から，Web サーバに対して接続要求が送信さ
  れる.
- ・**②SSL サーバ証明書 ＋ 公開鍵**：接続要求を受けた Web サーバは，クライア
  ント端末にサーバ証明書を返信する．サーバ証明書はサイトの安全性を示す情
  報であり，公開鍵も含まれる．公開鍵は秘密鍵を用いて作成される.
- ・**③暗号化通信**：クライアント端末は，公開鍵を用いてデータを暗号化し，
  Web サーバへ送信する．Web サーバは，受信した暗号化データを秘密鍵によ
  り復号化する．公開鍵で暗号化されたデータは，対になる秘密鍵でのみ復号化
  される.

①接続要求
②SSL サーバ証明書＋公開鍵
③暗号化通信

クライアント端末　　　　　　　　　　Web サーバ

図 9.5　SSL/TLS 通信を用いた Web サーバとの通信手順例

（2）　外部ネットワークからの不正アクセスの防止

　外部ネットワークからの不正アクセスを防止する仕組みの代表例として，ファイ
アウォール（firewall）が挙げられる．ファイアウォールとは「防火壁」を意味し，
外部ネットワークから企業などの内部ネットワークへの不正アクセスや外部攻撃を
防いだり，内部ネットワークから外部ネットワークへの許可されていない通信を防
いだりするものである（図 9.6 参照).

[†]　任意長のビット列（データ）から規則性のない固定長のビット列を生成する処理法として，ハッシュ
　　関数が知られている．ハッシュ関数により得られたデータは「ハッシュ値」とよばれる.

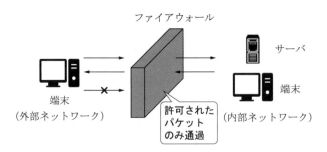

図 9.6　ファイアウォールの利用イメージ

　ファイアウォールは，「パケットフィルタリング型」，「サーキットレベルゲート
ウェイ型」，「アプリケーションゲートウェイ型（Proxy 型）」に大別される．

■パケットフィルタリング型

　パケット単位でヘッダ解析し，事前に設定したルールに基づいて，パケットの通
過の可否を判断する．パケットフィルタリングは，「スタティックパケットフィル
タリング」，「ダイナミックパケットフィルタリング」，「ステートフルパケットイン
スペクション」などに分けられる．

　スタティックパケットフィルタリングは，「送信元・宛先アドレス」，「TCP と
UDP のトラヒック種別」，「プログラム種別を識別するためのポート番号」，「通信
プロトコルの種別」などを監視し，対象外のパケットは廃棄する．ダイナミックパ
ケットフィルタリングは，必要に応じて通信に利用するポートを動的に開閉する仕
組みであり，通信開始時にのみポート番号を開放し，不要なときには閉鎖する方法
により安全性を確保する．ステートフルパケットインスペクションでは，通過する
パケットに関して一定の範囲で通信履歴を監視し，たとえば，TCP/UDP セッショ
ンの正当な手順に基づかない不審なパケットであると判断した場合には破棄する．

■サーキットレベルゲートウェイ型

　パケットフィルタリング型の機能に加えて，通信を許可するポート指定や制御を
行うタイプは，サーキットレベルゲートウェイ型とよばれる．サーキットレベルゲー
トウェイは，TCP や UDP などのトランスポート層のレベルで通信を監視・制御
する．コネクション単位で通信可否を判断するため，パケットフィルタリング型で
は防ぐことができない送信元 IP アドレスの偽装（IP スプーフィング）に対応する
ことが可能となる．

■アプリケーションゲートウェイ型

　アプリケーションゲートウェイ型は，HTTP や FTP などのアプリケーションプロトコルごとに，パケットの情報を解析する．また，内部ネットワークの通信端末に代わって外部サーバと代理接続するため，内部ネットワークの通信端末を外部の不正な攻撃から保護する役割を果たす．企業や学校のネットワークなどで閲覧不可にしたいサイトがある場合，アプリケーションゲートウェイ型のファイアウォールに設定をすることで，内部からのアクセスを制限できる．ただし，検査対象の情報量が多いため，パケットフィルタリング型と比べると通信速度が遅くなる．

　企業内ネットワークなどに置かれるルータ／スイッチや NAT なども，外部ネットワークからの不正アクセスを防止するセキュリティ対策を担う．ルータ／スイッチについては，特定の MAC アドレスの通信機器との接続だけを許可するポートセキュリティとよばれる機能をもつタイプが存在する．事前に指定した通信機器とのみ通信を許可することで，外部からの不正アクセスの防止につながる．プライベートアドレスとグローバルアドレスを変換する役割をもつ NAT（6.3.2 項参照）は，内部ネットワーク内の端末構成を外部ネットワークから隠蔽する役割をもつ．NAT 内のアドレス変換テーブルへの登録が，内部から外部への通信を開始するときにはじめて行われるため，外部から内部構成を通常把握できない．したがって，不正アクセスなどに対して有効である．NAT には，通常はルータが用いられるが，ファイアウォール専用装置に NAT の機能を設定することも多い．

(3)　外部ネットワークからの不正アクセスの監視

　コンピュータネットワークやサーバ上での不正アクセスを検知し，ネットワーク管理者に異常を通知するシステムは，侵入検知システム（IDS：intrusion detection system）とよばれる．一方，侵入検知に加えて，検知した不正アクセスを自動的に遮断する機能まで備える場合には，侵入防止システム（IPS：intrusion prevention system）とよばれる．

　不正アクセスの監視方法は，通信ネットワーク上のパケットを収集し，そのデータやプロトコルヘッダを解析する「ネットワーク型」と，監視対象のサーバなどにソフトウェアをインストールして，OS が記録するログファイルやサーバ内のファイル改ざんをチェックする「ホスト型」に大別される．さらに，ネットワーク型のパケット解析は，過去の侵入パターンをあらかじめ登録しておき，不正アクセスを検知する手法や，通信ネットワーク内で通常とは異なる不審なパケットの流れを監

視する手法などに分けられる.

(4)　ネットワークユーザ権限の確認

　通信ネットワークに接続可能なユーザ権限を設定しておくことで,不正利用を防止できる.その代表例として,ユーザ認証と IEEE 802.1X 認証が挙げられる.

■ユーザ認証

　ユーザ認証は,あらかじめ登録されているユーザ権限を確認する処理を指す.具体的には,ユーザが PC や Web サイトなどにログインする際に用いられるもので,不正アクセスやマルウェアの侵入などから防ぐために必要となる.利用権限をもつ利用者をシステム内に登録する「登録フェーズ」と,登録された認証情報をもとに利用権限を確認する「認証フェーズ」から構成され,認証情報は「パスワードなどの文字や数値に関する知識・記憶情報」,「ID カードなどの所有者に関する認証情報」,「指紋や声などの生体認証情報」などに分けられる.生体認証については,1対 1 認証と 1 対 N 認証に分けられる.1 対 1 認証は,あらかじめ登録された認証情報と合致する特定の個人であるかどうかを照合する方式である.一方,1 対 N認証は,あらかじめ登録されている多数の認証情報の中から合致する(あるいは十分に近い)1 人を選択する方式である.1 対 N 認証は,複数の候補者が存在する可能性が否定できないため,厳密な照合処理を必要としないケースで用いられるか,または,複数の認証方式が併用される.

　ユーザ認証情報は,不正アクセスやフィッシング詐欺などにより,第三者が不正に取得する問題が起こる可能性がある.ユーザの利便性をある程度犠牲にして安全性を高める必要がある場合には,複数の認証方式を併用する多要素認証(multi-factor authentication)を用いる手法もある.その一例として,通常のパスワードと一定の時間範囲しか利用できないワンタイムパスワードの併用が挙げられる.具体的な方式例としては,認証する際の時刻情報に基づいてワンタイムパスワードを発行する「タイムスタンプ方式」や,認証側からのチャレンジとよばれるランダムな文字列(問題)に対して,利用者がレスポンス(ワンタイムパスワード)を返信する「チャレンジレスポンス方式」などがある.

　Web サイトへのアクセスに際して,悪意のある人工的なプログラムによる不正アクセスであるか,人間の正規のアクセスであるかを識別する技術として,CAPTCHA(キャプチャ)認証が利用されることがある.CAPTCHA は,プログラムが認証できない質問による識別方式であり,「ゆがませた文字を表示して入

力させる」,「特定の画像を選択させる」,「簡単な数式を解かせる」,「パズルのピースを当てはめさせる」などの簡単なテストを実行する.マルウェアによる Web サイトなどへの不正アクセスの防止技術としても有効である.

■ IEEE 802.1X 認証

事前登録した通信端末のみがコンピュータネットワークに接続できるユーザ認証の仕組みとして,IEEE 802.1X が規格化されている.IEEE 802.1X 認証を実現する通信機器の構成要素として,「サプリカント（ユーザ端末上のソフトウェア）」,「認証装置」,「認証サーバ」が必要となる.

ここで,IEEE 802.1X 認証の接続手順例を図 9.7 に示す.まず,ユーザ端末からのネットワーク接続に際して,サプリカントとよばれる認証ソフトウェアから,認証装置に対して接続要求が送信される.次に,認証装置は,ユーザ端末に認証情報（ユーザ名,パスワードなど）の入力指示を送信する.ユーザ端末からの認証情報は,認証装置を経由して認証サーバに送信され,認証処理が行われる.認証に成功したあと,ユーザ端末はネットワークに自由に接続できるようになる.認証手続きを行うプロトコルとしては,EAP（Extensible Authentication Protocol）が用いられる.

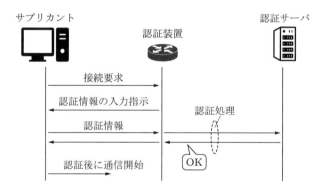

図 9.7　IEEE 802.1X 認証の接続手順例

(5)　コンピュータウィルス感染対策

コンピュータウィルス対策の代表例として,「ウィルス対策プログラム（ソフトウェア）」や「Windows などの OS がもつウィルス対策プログラム」などの利用が挙げられる.これらのウィルス対策技術は,通常,コンピュータの電源がオン時に起動状態となる.コンピュータウィルスを検知した場合には,ユーザへの通知,あ

るいは，不正ファイルの隔離処理などを実行する．ただし，通常は過去に発見され
た不正ソフトウェアに対応するものを見つけ出す仕組みをベースとしているため，
新しいウィルスは検知できない可能性がある．そのため，ウィルス検知用データは
最新のものに絶えず更新する必要がある．

9.3　通信品質の評価管理技術

9.3.1 ■ 通信品質とユーザ体感品質の概要

　コンピュータネットワークに代表されるディジタル社会基盤は，人々の日常生活
や経済活動において重要な役割を果たしている．従来の固定電話の代替としての
IP 電話の進展に加えて，通信と放送の融合化なども期待されるなか，通信サービ
スのさらなる安定的な提供が求められる時代となっている．一方，現状のインター
ネットの例を挙げると，通信トラヒック（データ転送量）が一時的に急増すると輻
輳が発生し，「通信速度の低下」，「パケット損失の発生」，「Web サイトへの接続不
良」などの事態が起こるケースがある．また，ユーザ端末や符号化ボードの性能が
不足しているような場合，たとえば，映像視聴向けのアプリケーションがユーザ端
末上で正常に動作しない可能性がある．通信ネットワークを設計するうえでも，通
信サービスが目標値を満たしているかどうかを評価し，要求条件をフィードバック
する必要がある．また，通信サービスの管理やネットワークの制御技術を確立する
うえでも，多種多様な通信サービスを定量的に評価管理する技術が求められている．

　こうしたなか，通信サービスの安定性やユーザの満足度を考慮した評価尺度とし
て，通信品質やユーザの体感品質を定量化する取り組みが進められてきた．従来は，
通信サービスの品質を評価する際，通信品質（QoS：quality of service）という用
語が広く用いられてきた．その後，QoS が客観的なネットワーク性能と対応づけ
て多く用いられた経緯を踏まえて，ユーザ体感度を反映する指標として，QoE
（quality of experience）という用語が新たに定義された（ITU-T 勧告 P.10/G.100，
2007 年 1 月）．QoE は，人の知覚・認知特性を考慮した通信サービスの評価指標
であり，音声通話や映像視聴などの個々のアプリケーションの特徴を踏まえて定義
される．

　ここで，通信ネットワークを介して二つのユーザ端末が接続されるケースについ
て，通信品質（QoS）とユーザ体感品質（QoE）の関係を図 9.8 に示す．QoS は，
通信ネットワークの安定性に対応する「ネットワーク品質」と，アプリケーション

図 9.8　ある通信ネットワーク構成時の QoS と QoE の関係

の特性を反映したパラメータを評価する「アプリケーション品質」などに分けて整理できる．さらに，ユーザ端末上でのアプリケーションの利用に際して，ユーザの体感度を考慮した QoE は，通信サービスを総合的に定量化する評価尺度とみなせる．

　以下に，ネットワーク品質とユーザ体感品質の概要を示す．なお，アプリケーション品質とユーザ体感品質は，いずれもアプリケーションレベルの変動を対象とする点で一致している．一方，通信品質の評価の取り組みでは，人の感覚や視聴覚特性をより配慮したユーザ体感品質が重視される傾向にあることから，アプリケーション品質の説明は省略する．

■ネットワーク品質

　ネットワーク品質（QoS）は，ネットワーク層レベルでの評価尺度であり，「伝送品質（または IP 転送品質）」，「接続品質」，「安定品質」などに分類できる．

　伝送品質は，データが正確に転送されるかどうかを評価する尺度に対応し，具体的なパラメータの例として，「ビット誤り率（ビットエラーレート）」，「パケット損失率」，「伝搬遅延時間あるいは IP パケット転送遅延」，「パケット転送ゆらぎ（ジッタ）」，「スループット（単位時間あたりに処理可能なデータ量）」などがある．国内において，従来の固定電話と同じ番号体系を用いる IP 電話の伝送品質の目標値として，パケット損失率 = 0.1%以下，IP パケットの転送遅延 = 70 ms 以下，パケット転送ゆらぎ = 20 ms 以下などの基準値が定められている（ユーザネットワークインターフェース間の条件）．

　接続品質は，通信開始（接続）の正確さや迅速性に関する評価尺度であり，具体的なパラメータの例として，「呼損率」，「通信端末間の接続遅延」，「通信端末間の切断遅延」などがある．

　安定品質は，通信ネットワークおよび設備の稼働状態を示す尺度であり，具体的

なパラメータの例として，「平均故障間隔」や「不稼働率」などがある．

■ユーザ体感品質

　前述したように，ユーザ体感品質（QoE）は，人の知覚・認知特性を考慮した通信サービスの評価指標であり，音声通話や映像視聴などの個々のアプリケーションの特徴に依存する．この場合の評価方法のアプローチは，実際の被験者による「主観品質評価法」と，客観的なパラメータ計測に基づく「客観品質評価法」に分けられる．

　主観品質評価法（subjective quality assessment method）は，音声信号（受聴），会話音声，音響信号，映像，Web 閲覧，ネットゲームなどに関する評価手法が，ITU-T により規格化されている．これには，個々のアプリケーションの利用シーンを想定し，MOS（mean opinion score）とよばれる主観的なオピニオン評価がおもに用いられる．MOS は，ユーザの主観的なカテゴリー評価であり，視聴覚心理実験の終了後に「非常に良い = 5点」，「良い = 4点」，「普通 = 3点」，「悪い = 2点」，「非常に悪い = 1点」などを被験者に回答させる形式をとる．主観品質評価法の結果は，人の知覚・認知特性を直接的に反映することから信頼性の点でメリットがあるが，コストや手間の点で課題がある．また，理想的な実験環境で評価することが一般的であり，実際のユーザ環境の結果とは異なる可能性がある．

　一方，客観品質評価法（objective quality assessment method）についても，音声信号（受聴），会話音声，音響信号，映像，Web 閲覧，ネットゲームなどに関する評価手法が，ITU-T により規格化されている．客観品質評価法は，パケットのヘッダ情報から QoE を推定する「パケットレベル」，メディア信号を用いて推定する「メディアレベル」，通信ネットワークやユーザ端末の品質管理パラメータを入力として推定する「プランニングレベル」などに分類される．客観品質評価法は，アプリケーションレベルで物理パラメータのみを用いて評価するため，主観品質評価法に比較して効率的である．ただし，必ずしも正確に人の知覚・認知特性を反映しているわけではなく，精度の点では課題が残されている．客観品質評価法による結果は，通常，主観品質評価法の結果との相関性が対応づけられ，より実際のユーザの感覚や満足度が反映される評価指標を確立するための取り組みが進められている．

9.3.2 ■ QoE 客観品質評価法の事例

　固定通信と移動体通信（無線通信）との接続性などを含めた通信サービスの受信環境の多様化により，品質劣化要因は多様性を増している．このため，通信サービスの提供事業者からみたネットワーク品質などの指標よりも，実際のユーザ感覚を反映する QoE が重視されている．また，通信品質を効率的に管理する観点からも，主観品質評価と相関性の高い QoE 客観品質評価法の確立が期待されている．以下では，音声信号（受聴）と映像（視聴）に関する QoE 客観品質評価法の事例を紹介する．

(1) 音声品質評価法

■ PSQM 法，PESQ 法

　PSQM（Perceptual Speech Quality Measure, ITU-T 勧告 P.861, 1998 年）法は，人の聴覚特性を考慮した聴覚フィルタを用いて，時間領域の音声信号から周波数スペクトルを求めて評価する．観測したメディア情報（音声信号）をベースとして評価することから，メディアレベルの客観評価法に分類される．PSQM 法では，基準となる音声信号と，評価対象の音声信号の周波数スペクトルの歪みを比較して数値化（MOS 換算推定値）する．PSQM 法は，符号化歪みなどによって生じる品質劣化に対する MOS 推定評価には有効な結果が得られている．しかし，パケット損失などによって，時間領域上で音声信号の位置ずれが発生した場合には，PSQM 法は有効な手法とはいえない．こうした問題にも対処できるように，基準信号と評価信号との間に生じる位置ずれを補正する PESQ（Perceptual Evaluation of Speech Quality）法が勧告化された（ITU-T 勧告 P.862, 2001 年）．

■ E-Model 法

　E-model（ITU-T 勧告 G.107, 2002 年）法は，ユーザ端末要因，ネットワーク要因，環境要因に起因する品質評価パラメータを考慮することから，プランニングレベルの客観評価法に分類される．評価の際，「雑音感（noisiness）」，「音量感（loudness）」，「遅延・エコー感（delay and echo）」，「歪み・途切れ感（distortion）」，および「利便性要因（advantage factor）」といった心理要因に対応する評価値を用いて，R 値とよばれる心理尺度を求める（図 9.9 参照）．ただし，通信環境やユーザ端末要因については，標準的な特性を想定したデフォルト値を用いて設定するのが一般的である．また，R 値は MOS との間に一定の相関性があり，ITU-T 勧告 G.107 では両者のマッピング関係式が提示されている．

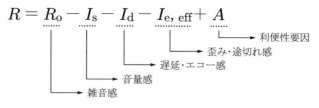

図 9.9　E-Model 法における R 値の導出式

(2)　映像品質評価法

■ピーク信号対雑音比（PSNR）法

PSNR（peak signal to noise ratio）は，画像がとりうる最大画素値を Max，基準映像と評価映像の同じ位置の画素値の差分二乗平均を MSE として，次式で表される.

$$\text{PSNR} = 10 \log_{10} \frac{\text{Max}^2}{\text{MSE}} \tag{9.1}$$

動画像の評価では，動画を構成するすべての画像フレームについて，それぞれ PSNR を計算し，その平均値で映像品質を表現することから，PSNR 法はメディアレベルの客観評価法に分類される．しかし，映像コンテンツの種別により画像劣化のパターンが大きく変化することに加えて，ディジタル映像の圧縮・伝送技術の高度化に伴い，画質劣化パターンが多様化したことを背景として，単純な PSNR 法の有効性は低下している.

■その他の客観評価法

PSNR 法に代わるディジタル映像の QoE 客観評価法を確立するため，「基準映像と評価映像を直接比較して評価する FR（full reference）法」，「基準映像から抽出した特徴量と評価映像を使用して評価する RR（reduced reference）法」，「評価映像のみを使用して評価する NR（no reference）法」という三つのアプローチが ITU-T において取りまとめられた（ITU-T 勧告 J.143，2000 年）．FR 法と RR 法は，基準映像と評価映像を比較しながら評価値を求める 2 重刺激法に分類され，NR 法は評価映像のみから評価値を求める単一刺激法に分類される（図 9.10 参照）.

FR 法は，情報量が非常に大きい基準映像が客観評価時に必要となるため，コストや手間を要する点が課題となるが，高い評価精度が得られる．FR 法では，PSNR 法を改良した客観評価法が，テレビ映像，PC・携帯端末向けの映像，ハイビジョン映像（HDTV）など，用途ごとに提案されている．RR 法は，劣化が存在

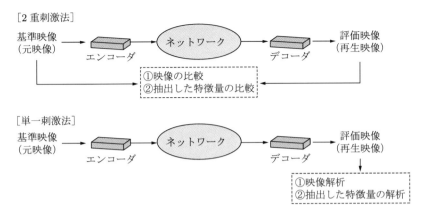

［2 重刺激法］

基準映像
（元映像）　→　エンコーダ　→　ネットワーク　→　デコーダ　→　評価映像
（再生映像）

①映像の比較
②抽出した特徴量の比較

［単一刺激法］

基準映像
（元映像）　→　エンコーダ　→　ネットワーク　→　デコーダ　→　評価映像
（再生映像）

①映像解析
②抽出した特徴量の解析

図 9.10　映像評価法の分類例

しない基準映像から抽出した特徴量を利用するため，FR 法に比較して評価精度は低くなるが，処理負荷が軽い．NR 法は，歪みが生じた劣化映像のみから客観品質を評価する方法であり，FR 法や RR 法に比較して評価精度は低下するが，処理負荷が軽く，視聴者宅内における常時品質監視などへの適用が期待されている．

演習問題

9.1　ネットワーク管理について，ISO が取りまとめた機能モデルを提示せよ．

9.2　IP ネットワークにおける監視項目の例を提示せよ．

9.3　SNMP を用いた通信トラヒック（IP パケット）の監視方法を提示せよ．

9.4　標準 MIB で定義されるオブジェクトグループの管理項目例を提示せよ．

9.5　SDN と OpenFlow の定義を提示せよ．

9.6　ネットワークセキュリティに関する具体的な問題事例と，その問題を起こす手段の例を提示せよ．

9.7　ネットワークセキュリティ問題に対する対策技術のアプローチの例を提示せよ．

9.8　暗号化通信について，共通鍵方式と公開鍵方式の違いを説明せよ．

9.9　ファイアウォールの分類例を提示せよ．

9.10　通信品質（QoS）とユーザ体感品質（QoE）の概要を整理せよ．

9.11　QoE 客観品質評価法の具体事例を提示せよ．

演習問題解答

1章

1.1 アクセスネットワークは，ユーザ端末（またはユーザ側の私設ネットワーク）を収容する．一方，中継ネットワークは，アクセスネットワークを収容し，大容量の通信回線により異なる地域や事業者間などを結ぶ．1.2 節参照．

1.2 1.3.1 項参照．

1.3 1.3.2 項参照．

1.4 1.4.1 項参照．

1.5 1.4.2 項参照．

1.6 表 1.2，1.5 節参照．

1.7 1.5.1 項(3)参照．

1.8 OSI 参照モデルは，図 1.10 が示すように，七つの階層から構成され，各層の役割が与えられている．各層の役割や具体事例は 1.6 節参照．

2章

2.1 図 2.1 参照．

2.2 従来の固定電話：300 Hz〜3.4 kHz，IP 電話などの広帯域音声：150 Hz〜7 kHz．2.1 節参照．

2.3 表 2.1，2.2 参照．

2.4 元のアナログ信号形式のまま伝送するベースバンド伝送（アナログベースバンド伝送），アナログ変調による伝送，パルス信号列へ変換して伝送．2.3.1 項，図 2.4 参照．

2.5 ベースバンド伝送（ディジタルベースバンド伝送），ディジタル変調による搬送波伝送．2.3.2 項，図 2.4 参照．

2.6 アナログ変調は，元の情報信号を搬送波にのせる操作に対応し，振幅変調，周波数変調，位相変調に分類される．処理フローは 2.4.1 項参照．パルス変調は，元の情報信号をパルス列で表現する操作に対応し，アナログパルス変調，ディジタルパルス変調に分類される．処理フローは 2.4.2 項参照．

2.7 2.4.1 項参照．

2.8 時系列信号および画像信号は，標本化，量子化，符号化のステップでディジタル信号に変換される．2.5 節参照．

3章

3.1 波形符号化, 分析合成符号化 (スペクトル符号化), ハイブリッド符号化. 3.2.1 項参照.

3.2 G.711, G.711.0, G.723.1, G.729, G.729.1 など. 表 3.1 参照.

3.3 JPEG, MPEG-1[H.261], MPEG-2[H.262], MPEG-4[H.263], MPEG-4/AVC [H.264], MPEG HEVC[H.265]. 表 3.2 参照.

3.4 MPEG 方式は, 空間圧縮と時間圧縮を行っており, GOP とよばれるブロック構造で処理を行う. このブロック構造は, I フレーム, P フレーム, B フレームの 3 種類から構成される. 3.2.2 項参照.

3.5 3.3.1 項参照.

3.6 3.3.2 項参照.

3.7 伝送路 (有線ケーブル) は必ずしも理想的な特性をもつわけではない. そのため, 伝送距離が相対的に長い場合には, 送信波形に歪みが生じる可能性があり, 変調処理が用いられる. また, 無線によりディジタル信号を伝送する場合についても, 同様にベースバンド伝送方式は適用できないため, 変調処理を施す必要がある. 3.3.2 項参照.

3.8 OFDM, CDMA, OFDMA. それぞれの特徴は 3.6.2, 4.1.6 項参照.

3.9 3.6 節, 図 3.15 参照.

3.10 日本の公衆交換電話ネットワークでは, 計 24 チャンネル分を多重化した 1.544 Mbit/s は, 1 次群のフレーム単位として扱われる. このとき, 24 チャンネルの単位 (フレーム) は, フレーム識別ビットを考慮して, $8 \times 24 + 1 = 193$ ビット長となり, フレーム長は 125 µs ($= 193\,\mathrm{bit} \div 1.544\,\mathrm{Mbit/s}$) となる. 3.6.1 項参照.

3.11 多重化技術は, アクセスネットワークや中継系ネットワークにおいて, 複数の利用者が伝送路を共有して効率化するための手段として活用される. 3.6 節参照.

4章

4.1 メタル電話回線 (アナログ, ディジタル), ADSL/xDSL 回線, ケーブル TV 回線, 光回線, 無線アクセス. 4.1 節参照.

4.2 4.1.2 項参照.

4.3 PP 方式, PON 方式. それぞれの特徴は 4.1.5 項参照.

4.4 4.1.6 項参照.

4.5 4.2 節参照.

4.6 4.2.1, 4.2.2 項(1)参照.

4.7 等価整形・等価増幅・波形補正 (reshaping), タイミング補正 (retiming), 識別再生 (regeneration). 4.3.1 項参照.

4.8 時分割多重 (ETDM, OTDM), 波長分割多重 (WDM), 光符号分割多重 (OCDM),

空間分割多重（SDM）．それぞれの特徴は 4.3.2 項参照．

4.9 同期ディジタルハイアラーキ（SDH），光伝達ネットワーク（OTN）．それぞれの特徴は 4.3.3 項参照．

5 章

5.1 MAC アドレスは，ネットワークと通信機器間の信号形式を相互に変換するネットワークインターフェースに付与された固有のアドレスを指す．5.1 節参照．

5.2 メディアアクセス制御方式は，ランダムアクセス型と送信権割当型に大別される．前者の例として ALOHA 方式や CSMA 方式，後者の例としてトークンパッシング方式が挙げられる．それぞれの特徴は 5.2 節参照．

5.3 5.2.2 項参照．

5.4 5.3.2 項参照．

5.5 5.3.3 項参照．

5.6 5.2.2 項，5.5 節参照．

5.7 5.6.3, 5.6.4, 5.6.5 項参照．

5.8 多数の通信端末が接続される LAN において，グループ分けをして，異なるネットワークとして管理するなど．5.7 節参照．

5.9 VLAN タグ：4094，PBB：約 1600 万．5.7 節参照．

5.10 5.7 節参照．

6 章

6.1 6.2.1 項参照．

6.2 6.2.2 項参照．

6.3 IP ヘッダ長および TCP ヘッダ長はそれぞれ 20 バイトであり，データの最大長は 1460 バイトとなる．

解図 6.1

6.4 6.3.2 項(1)参照．

6.5 クラスフルアドレスは，IPv4 のクラス A〜C 種別を含むネットワーク番号を示すネットワーク部と，ホスト番号を示すホスト部から構成され，両者を一定のビット長単位で識別する．一方，クラスレスアドレスは，IP ネットワークの大きさを柔軟に選択できる仕組みとして，任意のビットでネットワーク部とホスト部の境界を決められる．6.3.2 項(1)参照．

6.6 192 = 11000000 であり，クラス C となる．

6.7 ユニキャストアドレス，エニーキャストアドレス，マルチキャストアドレス．なお，ユニキャストアドレスは，パケットの到達範囲や用途などにより，グローバルユニキャストアドレス，ユニークローカルユニキャストアドレス，リンクローカルユニキャストアドレス，IPv4アドレス埋め込みIPv6アドレス（IPv4射影IPv6アドレス）などに分類される．図6.11参照．

6.8 6.3.2項(2)参照．

6.9 トンネリング方式（例：IPv4 over IPv6トンネル，IPv6 over IPv4トンネル，ISATAP，Teredo，MPLS），デュアルスタック方式，トランスレータ方式（例：NAT-PT方式，Proxy方式）．それぞれの特徴は6.6.3項参照．

6.10 6.4.1項参照．

6.11 6.4.2項参照．

6.12 ウィンドウ制御，再送制御，輻輳制御，フロー制御．それぞれの特徴は6.4.2項参照．

6.13 RIP，OSPF，BGP．それぞれの特徴は表6.8参照．

6.14 6.6.1項参照．

6.15 6.6.2項参照．

7章

7.1 7.1.2項参照．

7.2 光ファイバのポート（光ファイバパス），光の波長，光TDMのタイムスロットなど．7.1.3項参照．

7.3 広域イーサネット，IP-VPN，インターネットVPN．それぞれの特徴は7.2節参照．

7.4 IPsec，SSL/TLS．それぞれの特徴は7.2.3項参照．

7.5 1秒間に必要なパケット数は$1000 \div 40 = 25$より，パケット化周期は$1/25 = 0.04$秒．7.3.1項参照．

7.6 H.323，SIP，MGCP/H.248．それぞれの特徴は7.3節参照．

7.7 映像信号を変調して伝送するRF型，IP技術を用いるIP型．7.4.2項参照．

7.8 IP放送型，VoD型，ダウンロード型など．7.4.2項参照．

7.9 パケット転送遅延，パケット転送遅延ゆらぎ（ジッタ），パケット損失など．7.5節参照．

7.10 PQ，CQ，WFQ，CBWFQ，LLQ，CBQなど．7.5.1項(1)参照．

7.11 RED，RIOなど．7.5.1項(2)参照．

7.12 リーキーバケット，トークンバケット．7.5.1項(3)参照．

7.13 7.5.2項参照．

8章

8.1 共通線信号方式は，音声信号と制御信号を別の伝送路に分けて転送する．個別線信

号方式に比較してシステム構成は複雑になるが，通話セッションが確立している間
でも制御信号を伝送できるため，多様な通信サービスの提供が可能となる．8.1.2 項
参照．

8.2　8.1.2 項 (2) 参照．

8.3　NGN はトランスポートストラタム（トランスポート階層）とサービスストラタム
（サービス階層）から構成される．それぞれの役割は 8.2.2 項参照．

8.4　SIP をベースとするアプリケーションサーバ，電話ネットワーク向けアプリケーショ
ンインターフェースで規定された OSA サーバ，移動体通信向けの IN サーバなど．
8.2.2 項 (3) 参照．

8.5　PSTN/ISDN エミュレーション，PSTN/ISDN シミュレーション．それぞれの特徴
は 8.2.3 項参照．

8.6　表 8.2 参照．

8.7　8.3.2 項参照．

8.8　渋滞緩和や事故回避などの交通管理，ビル・工場などの施設・環境管理，オフィス
などの防犯・セキュリティ管理，家庭内の電力使用監視や家電制御，自動販売など
の在庫管理，河川などの防災・災害対策，農作物の生育状況の監視など．8.4.1 項参
照．

9 章

9.1　9.1.1 項 (2) 参照．

9.2　通信機器の稼働状態の監視，通信トラヒック監視，ログ・トラップ監視．9.1.2 項 (1)
参照．

9.3　9.1.2 項 (2) 参照．

9.4　表 9.1 参照．

9.5　SDN は，通信機器の設定や挙動をソフトウェアによって集中的に管理し，ネットワー
クの設定および構成を柔軟に変更することを可能とする技術である．OpenFlow は，
SDN を実現する技術の一つであり，共通インターフェースを介して，通信機器の一
元的な集中管理を実現する．9.1.3 項参照．

9.6　情報の盗聴，情報の改ざん，他者へのなりすまし，通信障害．以上の問題事例を起
こす手段の例：不正アクセス，コンピュータウィルス，マルウェア，暗号解読，ス
パムメール，外部攻撃，その他（不正な機能をもつ USB）．9.2.1 項参照．

9.7　送信データの盗聴防止（例：暗号化通信），外部ネットワークからの不正アクセスの
防止（例：ファイアウォール，NAT），外部ネットワークからの不正アクセスの監
視（例：侵入検知システム，侵入防止システム），ネットワーク利用者権限の確認（例：
ユーザ認証，IEEE802.1X 認証），コンピュータウィルス感染対策（例：セキュリティ
対策ソフト）．9.2.2 項参照．

9.8 共通鍵暗号方式は，暗号化と復号に同じ鍵を用いる方式である．一方，公開鍵暗号方式は，暗号化と復号に異なる鍵を用いる方式である．後者の方式では，暗号鍵は一般に公開される公開鍵とし，復号に使う鍵は受信者のみが知る秘密鍵とする．9.2.3項(1)参照．

9.9 パケットフィルタリング型，サーキットレベルゲートウェイ型，アプリケーションゲートウェイ型（Proxy 型）．9.2.3 項(2)参照．

9.10 従来は，通信サービスの品質を評価する際，通信品質（QoS）という用語が広く用いられてきた．近年において，QoS は客観的なネットワーク性能と対応付けて用いられるようになった．一方，ユーザ体感度を反映する指標として，人の知覚・認知特性を考慮したユーザー体感品質（QoE）が新たに定義された．9.3.1 項参照．

9.11 音声品質評価の例：PSQM 法，PESQ 法，E-Model 法，映像品質評価の例：PSNR 法，FR 法，RR 法，NR 法．9.3.2 項参照．

参考文献

1章

［1］芦谷文博：「ADSL の概要と課題」，計測と制御，Vol. 37, No. 8, pp. 630-640（1998）

［2］電子情報通信学会：「アンテナ・伝搬：電波伝搬」，電子情報通信学会・知識ベース・知識の森・4 群 2 編，11 章（2010）

［3］山下不二雄，中神隆清，中津原克己：「通信工学概論［第 3 版］」，森北出版（2012）

［4］村上泰司：「ネットワーク工学［第 2 版］」，森北出版（2014）

［5］宇野新太郎：「情報通信ネットワークの基礎」，森北出版（2016）

［6］川島幸之助：「公衆通信網における交換システム技術の系統化調査」，国立科学博物館・技術の系統化調査報告，第 22 集（2015）

［7］海老原格，小笠原英子：「海洋開発を支える水中音響通信」，日本音響学会誌，Vol. 72, No. 8, pp. 471-476（2016）

［8］宮地悟史：「ITU-T SG9（映像・音声伝送及び統合型広帯域ケーブル網）第 1 回会合報告」，ITU ジャーナル，Vol. 47, No. 8, pp. 36-37（2017）

［9］山中直明，馬場健一，淺谷耕一：「通信ネットワーク技術の基礎と応用」，コロナ社（2018）

［10］電子情報通信学会：「無線 LAN，無線アクセス，近距離ワイヤレス：可視光通信」，電子情報通信学会・知識ベース・知識の森・4 群 4 編，X 章（2019）

［11］電子情報通信学会：「無線 LAN，無線アクセス，近距離ワイヤレス：光無線通信」，電子情報通信学会・知識ベース・知識の森・4 群 4 編，Y 章（2019）

［12］小澤正宣，清水悦郎：「海中探査機器内での電波通信機器利用に向けた通信特性の検証」，日本ロボット学会誌，Vol. 37, No. 6, pp. 507-513（2019）

［13］斎藤普聖：「空間分割多重伝送用光ファイバによる光通信の大容量化」，電子情報通信学会・通信ソサイエティマガジン誌，No. 51, pp. 166-176（2019）

［14］西村明：「空中音波通信技術とその応用」，日本音響学会誌，Vol. 77, No. 6, pp. 390-395（2021）

2, 3 章

［1］外山秀之：「光符号分割多重ネットワーク」，応用物理，Vol. 71, No. 7, 853-859（2002-7）

［2］田村秀行：「コンピュータ画像処理」，オーム社（2002）

［3］古井貞煕，酒井善則：「画像・音声処理技術 ―マルチメディアの基礎から MPEG まで―」，電波新聞社（2003）

［4］渡邊敏明：「MPEG-4 の概要」，東芝レビュー，Vo. 57, No. 6, pp. 2-5（2002）

［5］高畑文雄（編著）：「ディジタル無線通信入門」，培風館（2002）

［6］八島由幸：「第 6 回知っておきたいキーワード：H.264って何ですか」，映像情報メディア学会誌，Vol. 60, No. 6, pp. 883-885（2006）

［7］片山正昭（編著）：「無線通信工学」，オーム社（2009）

［8］電子情報通信学会：「画像・音・言語：音声オーディオ符号化」，電子情報通信学会・知識

ベース・知識の森・2 群 8 編（2010）

［9］大室仲，岡本学，齊藤翔一郎，阪内澄宇，江村暁：「リアルな声による豊かなコミュニケーションを実現する音声端末技術」，NTT ジャーナル，Vol. 22, No. 12, pp. 15-19（2010）

［10］山下不二雄，中神隆清，中津原克己：「通信工学概論［第 3 版］」，森北出版（2012）

［11］高村誠之：「ISO/IEC JTC 1/SC 29 における画像・映像符号化関連の標準化動向」，NTT 技術ジャーナル，Vol. 27, No. 8, pp. 67-71（2015）

［12］川西哲也：「5G ネットワークを支える光ファイバ無線技術」，ITU ジャーナル，Vol. 45, No. 11, pp. 36-39（2015）

［13］大下眞二郎，半田志郎，デービッドアサノ：「ディジタル通信［第 2 版］」，共立出版（2016）

［14］山中直明，馬場健一，淺谷耕一：「通信ネットワーク技術の基礎と応用」，コロナ社（2018）

［15］淡路祥成：「コアネットワークの大容量化を目指す研究開発：3-1 空間分割多重通信技術概要」，情報通信研究機構研究報告，Vol. 64, No. 2, pp. 9-14（2018）

［16］李斗煥，笹木裕文，八木康徳，山田貴之，加保貴奈，濱田裕史：「テラビット級無線伝送をめざす大容量 OAM 多重伝送技術」，NTT 技術ジャーナル，Vol. 31, No. 3, pp. 32-35（2019）

4 章

［1］芦谷文博：「ADSL の概要と課題」，計測と制御，Vol. 37, No. 8, pp. 630-640（1998）

［2］田村敏文，中村優：「超高速ディジタル多重伝送システム」，電気学会誌，Vol. 111, No. 9, pp. 771-775（1991）

［3］外林秀之，中條渉，北山研一：「光符号分割多重を用いたペタビット級フォトニックネットワーク基盤技術」，通信総合研究所季報，Vol. 48, No. 1, pp. 7-19（2002）

［4］宇野浩司：「光アクセスシステムとオペレーション」，NTT 技術ジャーナル，Vol. 21, No. 3, pp. 10-13（2009）

［5］電子情報通信学会：「通信・放送：ノード技術・電話交換システム」，電子情報通信学会・知識ベース・知識の森・5 群 4 編，第 2 章（2010）

［6］電子情報通信学会：「モバイル無線：無線通信基礎・ディジタル無線方式の基礎」，電子情報通信学会・知識ベース・知識の森・4 群 1 編，第 3 章（2010）

［7］情報通信技術研究会編：「新情報通信概論・第 2 版」，電気通信協会（2011）

［8］高橋哲夫：「光スイッチ適用による光ネットワークの革新」，光学，Vol. 42, No. 5, pp. 220-228（2013）

［9］種村拓夫，中野義昭：「InP 光集積回路による高速光スイッチ技術」，Vol. 42, No. 5, pp. 249-255（2013）

［10］宇野新太郎：「情報通信ネットワークの基礎」，森北出版（2016）

［11］浅香航太，可児淳一：「次世代光アクセスシステム（NG-PON2）の標準化動向」，NTT 技術ジャーナル，Vol. 27, No. 1, pp. 74-77（2015）

［12］川島幸之助：「公衆通信網における交換システム技術の系統化調査」，国立科学博物館・技術の系統化調査報告，第 22 集（2015）.

［13］近藤芳展：「G.fast の標準化動向」，NTT 技術ジャーナル，Vl. 28, No. 5, pp. 53-56（2016）

［14］宮本裕，川村龍太郎：「大容量光ネットワークの進化を支える空間多重光通信技術」，NTT 技術ジャーナル，Vol. 29, No. 3, pp. 8-12（2017）

［15］水野隆之，芝原光樹，李斗煥，小林孝行，宮本裕：「高密度空間分割多重（DSDM）長距離光伝送基盤技術」，NTT 技術ジャーナル，Vol. 29, No. 3, pp. 13-17（2017）

［16］胡間遼，可児淳一，浅香航太，鈴木謙一：「PON システムのさらなる高速化に関する標準化

動向」，NTT 技術ジャーナル，Vol. 29, No. 8, pp. 74-77（2017）

[17] 宮地悟史：「ITU-T SG9（映像・音声伝送及び統合型広帯域ケーブル網）第 1 回会合報告」，
ITU ジャーナル，Vol. 47, No. 8, pp. 36-37（2017）

[18] 古川英昭：「空間多重光交換技術」，情報通信研究機構研究報告，Vol. 64, No. 2, pp. 31-36
（2018）

[19] 古川英昭：「フレキシブル光パス交換技術」，情報通信研究機構研究報告，Vol. 64, No. 2,
pp. 77-83（2018）

[20] 左貝潤一：「通信ネットワーク概論」，森北出版（2018）

[21] 電子情報通信学会：「通信・放送：フォトニックネットワーク・ネットワークアーキテク
チャ」，電子情報通信学会・知識ベース・知識の森・5 群 5 編，1 章（2018）

[22] 山中直明，馬場健一，淺谷耕一：「通信ネットワーク技術の基礎と応用」，コロナ社（2018）

[23] 電子情報通信学会：「電子材料・デバイス：受動・機能光デバイス・光スイッチングデバイ
ス」，電子情報通信学会・知識ベース・知識の森・9 群 6 編，第 4 章（2019）

[24] 中沢正隆：「光時分割多重（OTDM）研究が創出した最先端光技術とその将来展望」，電子
情報通信学会誌，Vol. 102, No. 8, pp. 809-814（2019）

[25] 電子情報通信学会：「通信・放送：光伝送技術・基幹系光伝送システム」，電子情報通信学
会・知識ベース・知識の森・5 群 3 編，第 1 章（2019）

[26] 斎藤普聖：「空間分割多重伝送用光ファイバによる光通信の大容量化」，電子情報通信学会・
通信ソサイエティマガジン誌，No. 51, pp. 166-176（2019）

[27] 中島和秀，宮本裕，野坂秀之，石川光映：「超大容量光通信技術」，NTT 技術ジャーナル，
Vol. 32, No. 3, pp. 12-14（2020）

[28] 近藤芳麿，荒木則幸：「次世代メタルアクセス網の標準化動向」，NTT 技術ジャーナル（Web
版），Article No. 14371（2021）〔https://journal.ntt.co.jp/article/14371〕

5 章

[1] 鈴木宗良，松田和浩，牧野将哉：「Global Area Virtual Ethernet Services（GAVES）の概要」，
NTT 技術ジャーナル，Vol. 18, No. 4, pp. 8-11（2006）

[2] 波戸邦夫，丸吉図博，鈴木宗良：「IEEE802.1ah プロバイダ基幹ブリッジの概要」，NTT 技
術ジャーナル，Vol. 18, No. 4, pp. 12-16（2006）

[3] 情報通信技術研究会編：「新情報通信概論・第 2 版」，電気通信協会（2011）

[4] 村上泰司：「ネットワーク工学［第 2 版］」，森北出版（2014）

[5] 宇野新太郎：「情報通信ネットワークの基礎」，森北出版（2016）

[6] IEEE Computer Society：「IEEE Standard for Ethernet」，IEEE Std 802.3^{TM}-2018（2018）

6, 7 章

[1] 西村浩二，松本勝之，相原玲二：「MPLS ネットワーク上の格差サービスの実装と評価」，情
報処理学会論文誌，Vol. 42, No. 2, pp. 213-221（2001）

[2] 小泉修：「図解でわかる VoIP のすべて」，日本実業出版（2003）

[3] 岡本聡，大木英司，清水香里，今宿亙：「標準化が進む IP オプティカルネットワーキング技
術の実証」，NTT 技術ジャーナル，Vol. 18, No. 2, pp. 68-71（2006）

[4] 鈴木宗良，松田和浩，牧野将哉：「Global Area Virtual Ethernet Services（GAVES）の概要」，
NTT 技術ジャーナル，Vol. 18, No. 4, pp. 8-11（2006）

[5] 佐藤健一：「光ネットワークの技術の進展」，電子情報通信学会・通信ソサイエティマガジン
誌，No. 1, pp. 76-88（2007）

［6］石井秀雄，永見健一：「IPv6 ルーティングの実態」，情報処理，Vol. 49, No. 3, pp. 257-261（2008）

［7］電子情報通信学会：「コンピュータネットワーク：通信品質・品質制御技術」，電子情報通信学会・知識ベース・知識の森・3 群 5 編，3 章（2011）

［8］情報通信技術研究会編：「新情報通信概論・第 2 版」，電気通信協会（2011）

［9］村上泰司：「ネットワーク工学［第 2 版］」，森北出版（2014）

［10］大久保榮：「ITU-T SG16 におけるテレビ会議システムの標準化」，映像情報メディア学会誌，Vol. 69, No. 3, pp. 256-259（2015）

［11］井上直也，村山公保，竹下隆史，荒井透，苅田幸雄：「マスタリング TCP/IP―入門編―（第 6 版）」，オーム社（2019）

8 章

［1］川波充，古川一夫，山本雄介，加藤康男：「D60・D70 ディジタル交換機のハードウェアとソフトウェア」，日立評論，Vol. 67, No. 10, pp. 759-764（1985）

［2］ITU-T: "General overview of NGN," Recommendation Y. 2001（2004）

［3］井上友二（監）：「NGN 教科書」，インプレス R&D（2008）

［4］電子情報通信学会：「NGN とは」，電子情報通信学会・知識ベース・知識の森・S1 群 6 編，第 1 章〜6 章（2010）

［5］電子情報通信学会：「通信・放送：ノード技術・電話交換システム」，電子情報通信学会・知識ベース・知識の森・5 群 4 編，第 2 章，（2010）

［6］黒川章，江崎修司，平松淳，堀越博文：「次世代ネットワーク（NGN）を支えるネットワーク基盤技術」，電子情報通信学会・通信ソサイエティマガジン誌，No. 13, pp. 10-21（2010）

［7］荒木靖宏，森川博之：「サービス創出基盤としての NGN」，電子情報通信学会・通信ソサイエティマガジン誌，No. 13, pp. 22-32（2010）

［8］情報通信技術研究会編：「新情報通信概論・第 2 版」，電気通信協会（2011）

［9］辻秀一，澤本潤，清尾克彦，北上眞二：「M2M（Machine-to-Machine）技術の動向」，電気学会論文誌 C, Vol. 133, No. 3, pp. 520-531（2013）

［10］川島幸之助：「公衆通信網における交換システム技術の系統化調査」，国立科学博物館・技術の系統化調査報告，第 22 集（2015）

［11］巳之口淳，磯部慎一：「5G コアネットワーク標準化動向」，NTT Docomo テクニカルジャーナル，Vol. 25, No. 3, pp. 44-49（2017）

［12］山中直明，馬場健一，淺谷耕一：「通信ネットワーク技術の基礎と応用」，コロナ社（2018）

［13］岸山祥久，須山聡，永田聡：「6G で目指す世界と無線技術の展望」，電子情報通信学会誌，Vol. 104, No. 5, 404-411（2021）

［14］岸山祥久，須山聡，永田聡：「5G evolution & 6G への動向と目指す世界」，NTT DOCOMO テクニカルジャーナル，Vol. 29, No. 2, pp. 6-14（2021）

9 章

［1］社団法人 情報通信技術委員会：「JT-M 3010 通信管理ネットワークの原則」，TTC 標準（2001）

［2］阿部威郎，石橋豊，吉野秀明：「次世代のサービス品質技術動向」，電子情報通信学会誌，Vol. 91, No. 2, pp. 82-86（2008）

［3］黒川章，江崎修司，平松淳，堀越博文：「次世代ネットワーク（NGN）を支えるネットワーク基盤技術」，電子情報通信学会・通信ソサイエティマガジン誌，No. 13, pp. 10-21（2010）

［４］電子情報通信学会：「通信・放送：ネットワーク管理・ネットワーク管理技術の変遷」，電子情報通信学会・知識ベース・知識の森・5群9編，第1章（2011）

［５］電子情報通信学会：「コンピュータネットワーク：通信品質」，電子情報通信学会・知識ベース・知識の森・3群5編（2011）

［６］白鳥則郎（監）：「情報ネットワーク」，共立出版（2011）

［７］江川尚志，早野慎一郎，Fabian Schneider, Sibylle Schaller, Marcus Schaller, Frank Zdarsky：「SDN 実用化に向けた標準化」，NEC 技報，Vol. 66, No. 2, pp. 16-19（2013）

［８］岡本淳，林孝典：「映像メディア品質技術の最新動向」，IEICE Fundamental Review, Vol. 6, No. 4, pp. 276-284（2013）

［９］中尾彰宏：「SDN がもたらす柔軟な将来網の世界」，電子情報通信学会誌，Vol. 96, No. 12, pp. 902-905（2013）

［10］村上泰司：「ネットワーク工学［第2版］」，森北出版（2014）

［11］高橋修（監）：「ネットワークセキュリティ」，共立出版（2017）

［12］林孝典：「QoE 評価研究への招待」，電子情報通信学会・技術報告，CQ2019-84, pp. 135-139（2019）

索 引

著者略歴
馬杉正男（ますぎ・まさお）
1987 年 3 月　慶應義塾大学理工学部電気工学科卒業
1989 年 3 月　慶應義塾大学大学院修士課程修了
1989 年 4 月　日本電信電話(株)入社
1994 年 3 月　工学博士
2010 年 4 月　立命館大学理工学部教授
　　　　　　現在に至る

通信ネットワーク工学入門

2023 年 8 月 25 日　第 1 版第 1 刷発行

著者　　　馬杉正男

編集担当　上村紗帆・菅野蓮華（森北出版）
編集責任　富井　晃（森北出版）
組版　　　コーヤマ
印刷　　　丸井工文社
製本　　　　同

発行者　　森北博巳
発行所　　森北出版株式会社
　　　　　〒102-0071　東京都千代田区富士見 1-4-11
　　　　　03-3265-8342（営業・宣伝マネジメント部）
　　　　　https://www.morikita.co.jp/